图解10kV配网不停电作业操作流程 第一类、第二类

国网宁夏电力有限公司培训中心 组编

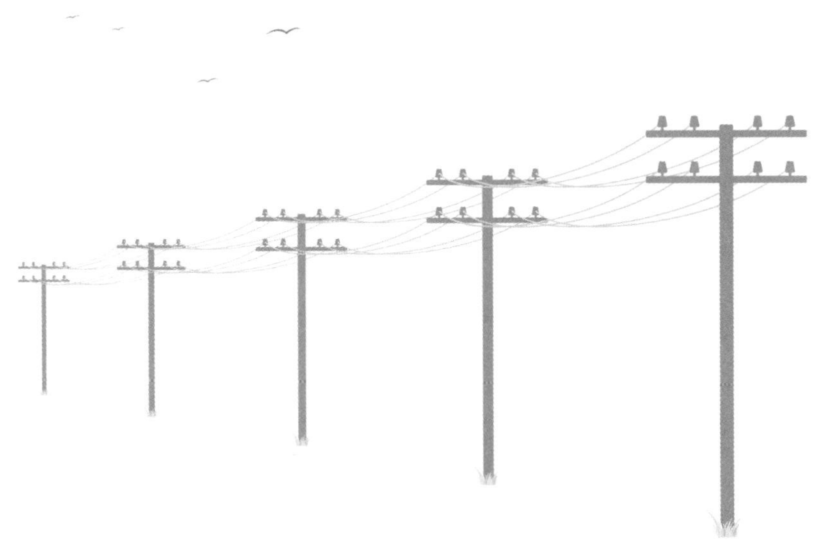

中国电力出版社
CHINA ELECTRIC POWER PRESS

图书在版编目（CIP）数据

图解10kV配网不停电作业操作流程：第一类、第二类 / 国网宁夏电力有限公司培训中心组编. —北京：中国电力出版社，2021.9（2022.1重印）
ISBN 978-7-5198-5946-6

Ⅰ. ①图… Ⅱ. ①国… Ⅲ. ①配电系统–带电作业 Ⅳ. ①TM727

中国版本图书馆CIP数据核字（2021）第179235号

出版发行：中国电力出版社
地　　址：北京市东城区北京站西街19号（邮政编码100005）
网　　址：http://www.cepp.sgcc.com.cn
责任编辑：雍志娟
责任校对：黄　蓓　马　宁
装帧设计：郝晓燕
责任印制：石　雷

印　　刷：三河市万龙印装有限公司
版　　次：2021年9月第一版
印　　次：2022年1月北京第二次印刷
开　　本：787毫米×1092毫米　16开本
印　　张：14.5
字　　数：236千字
印　　数：2201—2700册
定　　价：45.00元

编　委　会

编　写　组

前　言

配电网作为电网的重要组成部分，直接面向电力用户，与广大人民群众的生产生活息息相关，是保障和改善民生的重要基础设施，是供电服务的“最后一公里”，是用户对供电服务感受和体验的“神经末梢”。配网不停电作业是以实现用户的不停电或短时停电为目的，采用多种方式对设备进行检修的作业，能够有效降低计划停电次数和时间，是提高配电网供电可靠性的重要手段。当今，在配电网检修维护、用户接入（退出）、改造施工等工作中，按照“能带电、不停电”“更简单、更安全”的原则，配网不停电作业技术已经得到了广泛应用，为提高供电可靠性、减少停电损失、降低线路损耗、开展在线监测和状态检修等工作做出了巨大的贡献，已成为保证配电网安全和经济运行一种重要的技术手段。

各电网公司以新时代配电网管理思路为指导，坚持以客户为中心，以提升供电可靠性为主线，通过提高配网不停电作业精益化管理水平，强化工器具（装备）配置力度，创新不停电作业技术，完善不停电作业培训体系等举措，打造一支符合新战略、新形势的综合型配网不停电作业队伍，有力推动配电网作业由停电为主向不停电为主转变，从而为国家电网有限公司建设具有中国特色国际领先的能源互联网企业提供末端业务支撑。

本书以指导现场实际操作为出发点，对配网不停电实际工作中的常规项目操作流程进行讲解，把“教、学、做”融为一体，以达到拓展思路、传授方法和固定习惯的目的。本书共八章，每章七节，主要从项目类别、人员要求及分工、主要工器具、作业步骤、安全注意事项、危险点分析及预控措施和作业指导书等方面详细讲解了八个项目的实际操作流程，项目分别为绝缘杆作业法带电断分支线路引流线、绝缘杆作业法带电接分支线路引流线、绝缘手套作业法带电断分支线路引流线、绝缘手套作业法带电接分支线路引流线、绝缘手套作业法带电更换跌落式熔断器、绝缘手套作业法带电更换耐张杆绝缘子串、绝缘手套作业法带电更换柱上开关、绝缘手套作业法带电更换直线杆绝缘子及横担。

本书第一章绝缘杆作业法带电断分支线路引流线由谢亚雷、潘龙编写，第二章绝缘杆作业法带电接分支线路引流线由张子诚、何玉鹏编写，第三章绝缘手套作业法带电断分支线路引流线由韩世军、吴国平编写，第四章绝缘手套作业法带电接分支线路引流线由韩世军、扈斐编写，第五章绝缘手套作业法带电更换跌落式熔断器由杜帅、汤文、朱菊编写，第六章绝缘手套作业法带电更换耐张杆绝缘子串由屈文贺、张金鹏编写，第七章绝缘手套作业法带电更换柱上开关由买晓文、田永宁编写，第八章绝缘手套作业法带电更换直线杆绝缘子及横担由李真娣、刘恩辰、孟昊龙编写，全书由韩世军统稿，丁旭元、吴培涛审核。

本书可供配网不停电作业人员及相关技术和管理人员使用，也可用于各培训机构的教学实践。由于编者水平和时间有限，本书难免存在疏漏之处，恳请各位专家和读者提出宝贵意见。

目 录

第一章

绝缘杆作业法带电断分支线路引流线

第一节 项 目 类 别

根据 Q/GDW 10520—2016《10kV 配网不停电作业规范》中“项目分类”的划分，本项目为第一类绝缘杆作业法，填写《配电带电作业工作票》，适用于 10kV 架空线路带电断分支线路引流线工作现场操作见图 1－1。

图 1－1 现场操作

第二节 人员要求及分工

根据 GB/T 18857—2019《配电线路带电作业技术导则》，本项目人员要求及分工见表 1-1。

表 1-1 人员要求及分工

序号	人员	数量	职责分工
1	工作负责人（监护人）	1 人	负责组织、指挥作业，作业中全程监护，落实安全措施
2	杆上作业人员	2 人	1 号杆上电工：负责杆上作业。 2 号杆上电工：负责杆上作业，协助 1 号电工作业
3	地面电工	1 人	负责地面配合作业

第三节 主要工器具

根据 Q/GDW 10520—2016《10kV 配网不停电作业规范》，本项目主要工器具配备一览表见表 1-2。

表 1-2 主要工器具配备一览表

序号	工器具名称		型号/规格	单位	数量	备注
1	个人防护用具	绝缘安全帽	10kV	顶	2	
2		普通安全帽		顶	4	
3		绝缘手套	10kV	双	2	戴防护手套
4		绝缘服（披肩）	10kV	件	2	
5		全身式安全带		副	2	
6		护目镜		副	2	
7	绝缘遮蔽用具	硬质导线遮蔽罩	10kV、1.2m	根	4	
8		硬质绝缘子遮蔽罩	10kV	只	2	
9	绝缘工器具	射枪操作杆		副	1	
10		绝缘锁杆		副	1	

续表

序号	工器具名称		型号/规格	单位	数量	备注
11	绝缘工器具	绝缘断线钳		把	1	
12		J 型线夹安装杆	10kV	副	1	
13		绝缘绳	ϕ12mm，15m	根	1	
14	其他主要工器具	高压验电器	10kV	支	1	
15		绝缘电阻测试仪	2500V 及以上	只	1	
16		风速仪		只	1	
17		温、湿度计		只	1	
18		通信系统		套	1	
19		脚扣		副	2	
20		防潮苫布	3m×3m	块	1	
21		安全围栏		副	若干	
22		标示牌	“从此进出！”	块	1	
23		标示牌	“在此工作！”	块	2	
24		标示牌	“前方施工，车辆慢行”	块	2	
25	材料、备品及配件	干燥清洁布		块	若干	

工器具展示（部分）（见图 1－2）

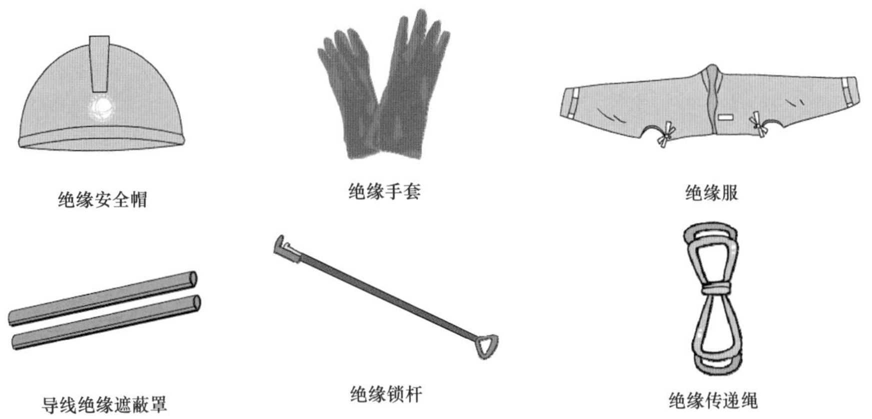

图 1－2 主要工器具（一）

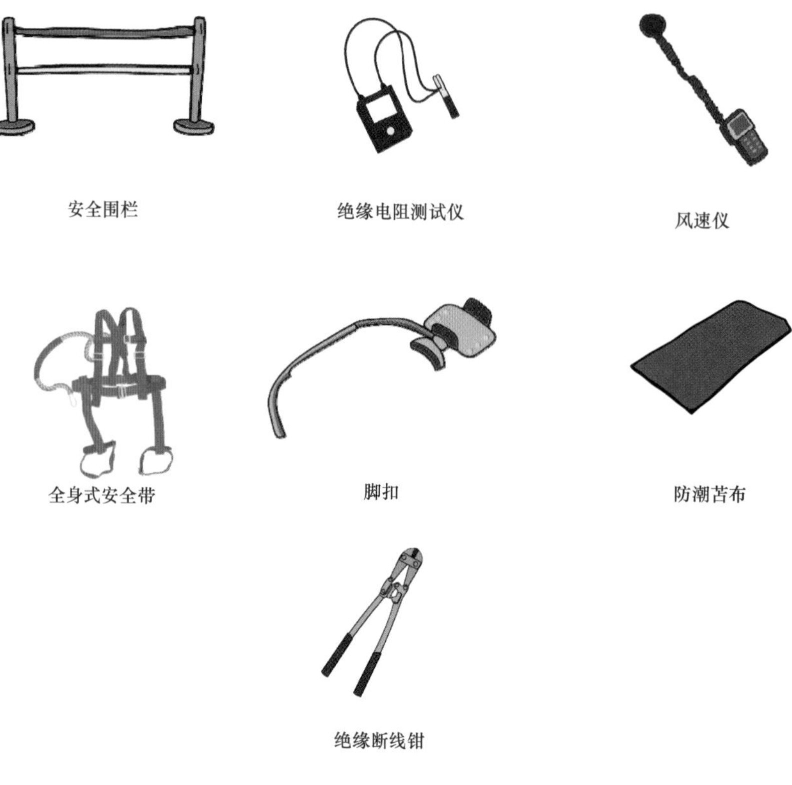

图 1-2　主要工器具（二）

第四节　作　业　步　骤

（一）作业前的准备

1. 现场复勘

（1）工作负责人核对线路名称、杆号，见图 1-3。

图 1-3　现场操作 1

（2）工作负责人检查作业装置和现场环境符合带电作业条件，见图 1-4。

图 1-4　现场操作 2

（3）工作负责人检查气象条件，见图 1－5。

图 1－5　现场操作 3

（4）杆上电工检查电杆根部、基础、埋深和拉线是否牢固，见图 1－6。

图 1－6　现场操作 4

2. 工作负责人履行工作许可制度

工作负责人按配电带电作业工作票内容与值班调控人员或运维人员联系，履行工作许可手续，见图 1－7。

图 1－7　现场操作 5

3. 布置工作现场

根据道路情况设置安全围栏、警告标志或路障，见图 1－8。

图 1－8　现场操作 6

4. 现场站班会

（1）工作负责人对工作班成员进行工作任务、安全措施交底和危险点告知，确认每一个工作班成员都已知晓并签名确认，见图1－9。

图1－9　现场操作7

（2）工作负责人检查工作班成员精神状态是否良好，人员变动是否合适，见图1－10。

图1－10　现场操作8

5. 工器具和材料检查

整理材料，检查绝缘工器具，使用绝缘电阻测试仪分段检测绝缘电阻，绝缘电阻值不低于 700MΩ，见图 1－11。

图 1－11　现场操作 9

（二）现场作业

1. 到达作业位置

杆上电工穿戴好绝缘防护用具，携带绝缘传递绳，登杆至适当位置，系好安全带及后备保护绳，见图 1－12。

图 1－12　现场操作 10

2. 验电

（1）杆上 1 号电工使用验电器依次对导线、绝缘子、横担进行验电，确认无漏电现象，见图 1－13。

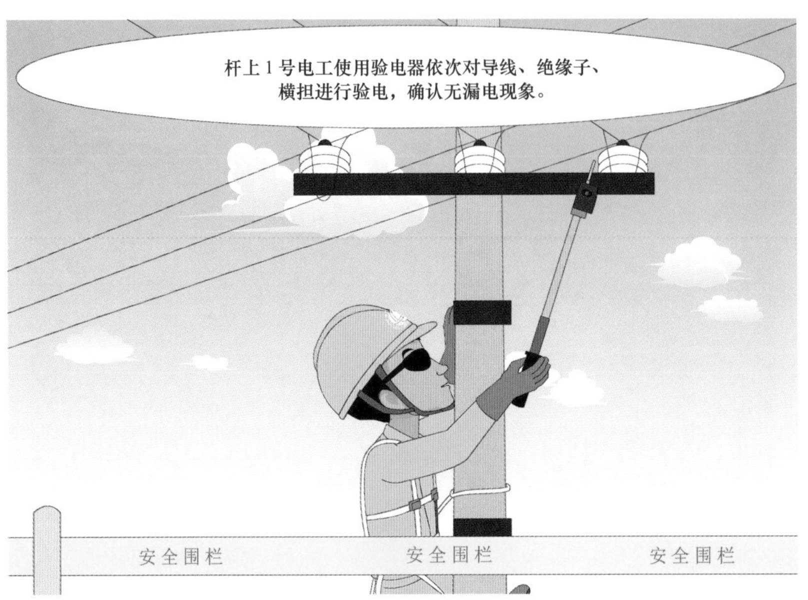

图 1－13　现场操作 11

（2）设置三相绝缘遮蔽措施，见图 1－14。

图 1－14　现场操作 12

杆上 1 号和 2 号电工在地面电工的配合下，用绝缘操作杆按照“从近到远、从下到上、先带电体后接地体”的遮蔽原则对不能满足安全距离的带电体和接地体进行绝缘遮蔽。

3. 断分支线路引线

（1）杆上 2 号电工使用绝缘锁杆锁紧待断的上引线，见图 1－15。

图 1－15　现场操作 13

（2）杆上 1 号电工使用 J 型线夹安装器锁紧线夹，见图 1－16。

图 1－16　现场操作 14

（3）杆上2号电工使用绝缘锁杆使引流线脱离主导线，见图1－17。

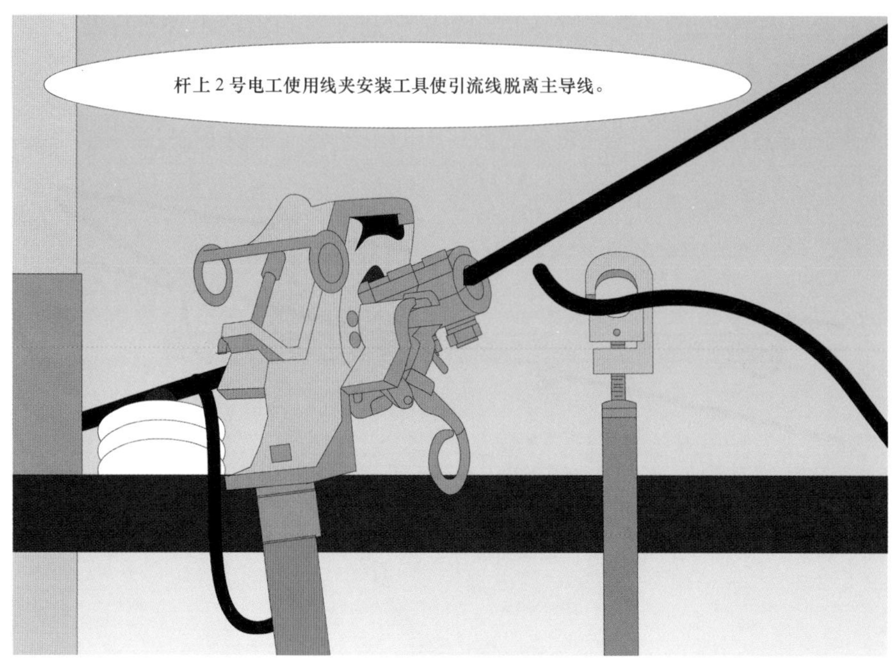

图1－17 现场操作15

（4）杆上2号电工使用绝缘锁杆将上引线脱离带电导线至安全位置固定牢固，见图1－18。

图1－18 现场操作16

（5）其余两相引线拆除按相同的方法进行，三相引线拆除的顺序按先两边相，再中间相的顺序进行，见图 1－19。

图 1－19 现场操作 17

（6）杆上电工按照“从远到近、从上到下、先接地体后带电体”的原则拆除绝缘遮蔽。检查杆上无遗留物，作业人员返回地面，见图 1－20。

图 1－20 现场操作 18

（三）工作终结

1. 工作负责人组织工作人员清点工器具，清理施工现场（见图 1－21）

图 1－21　现场操作 19

2. 工作负责人对完成的工作进行全面检查，符合验收规范要求后，记录在册并召开现场收工会进行工作点评后，宣布工作结束（见图 1－22）

图 1－22　现场操作 20

3. 汇报值班调控人员或运维人员工作已经结束，工作班撤离现场（见图 1–23）

图 1–23 现场操作 21

第五节 安全注意事项

（1）严禁带负荷断引流线。

（2）带电作业应在良好天气下进行，作业前须进行风速和湿度测量。风力大于 5 级或湿度大于 80%时，不宜带电作业。若遇雷电、雪、雹、雨、雾等不良天气，禁止带电作业。带电作业过程中若遇天气突然变化，有可能危及人身及设备安全时，应立即停止工作，撤离人员，恢复设备正常状况，或采取临时安全措施。

（3）根据 Q/GDW 10520—2016《10kV 配网不停电作业规范》规定，本项目一般无需停用线路重合闸。

（4）作业中，绝缘操作杆的有效绝缘长度应不小于 0.7m。

（5）作业中，人体应保持对带电体 0.4m 以上的安全距离；如不能确保该安全距离时，应采用绝缘遮蔽措施，遮蔽用具之间的重叠部分不得小于 150mm。

（6）带电断引线时已断开相的导线，应在采取防感应电措施后方可触及。

（7）杆上电工操作时动作要平稳，已断开的上引线应与带电导体保持 0.4m 以上安全距离。

（8）在同杆架设线路上工作，与上层线路小于规定安全距离且无法采取安全措施时，不得进行该项工作。

（9）上、下传递工具、材料均应使用绝缘绳传递，严禁抛掷。

第六节　危险点分析及预控措施

1. 装置不符合作业条件，带负荷断引线

工作当日到达现场进行现场复勘时，工作负责人应与运维单位人员共同检查并确认引线负荷侧开关确已断开，电压互感器、变压器等已退出。

2. 感应电触电

带电断引线时已断开相的引线，应在采取防感应电措施后方可触及。

3. 作业空间狭小，引起接地或短路

（1）有效控制引线；

（2）断三相引线的顺序应为“先两边相，再中间相”；

（3）断引线时，先断引线与主线的连接点，再断引线与跌落式熔断器上接线柱的连接点。

第七节　作　业　指　导　书

绝缘杆作业法带电断分支线路引流线作业指导书

编写：____________　　________年______月______日

审核：____________　　________年______月______日

批准：____________　　________年______月______日

作业负责人：______________________________________

作业日期：______年____月____日______时至______年____月____日____时

（一）适用范围

本作业指导书适用于绝缘杆作业法带电断分支线路引流线项目的实际操作。

（二）引用文件

GB/T 14286　带电作业工具设备术语

GB/T 18857　配电线路带电作业技术导则

DL/T 976　带电作业工具、装置和设备预防性试验规程

Q/GDW 10520—2016　10kV 配网不停电作业规范

国家电网安质〔2014〕265 号　国家电网公司电力安全工作规程（配电部分）

（三）作业前准备

1. 作业分工（见表 1–3）

表 1–3　作业分工

序号	作业分工	作业人员
1	工作负责人（监护人）	
2	1 号杆上电工	
3	2 号杆上电工	
4	地面电工	

2. 准备工作安排（见表 1–4）

表 1–4　准备工作安排

序号	内容	标准	负责人	备注
1	现场勘查	（1）工作负责人核对工作线路双重名称、杆号。 （2）检查线路装置是否具备不停电作业条件，确认电杆埋深、杆身质量，杆上设备完好		
2	组织现场作业人员学习标准化作业指导书	掌握绝缘杆作业法带电断分支线路引流线的操作程序，明确工作任务、质量标准、操作中的危险点及控制措施		
3	开工前“三交三查”	（1）“三交”主要内容：任务交底、安全交底、技术交底。 （2）“三查”主要内容：检查人员着装、身体状况、工器具准备情况		

3. 工器具和仪器仪表（见表 1–5）

表 1–5 工器具和仪器仪表

序号	工器具名称		型号/规格	单位	数量	备注
1	个人防护用具	绝缘安全帽	10kV	顶	2	
2		普通安全帽		顶	4	
3		绝缘手套	10kV	双	2	戴防护手套
4		绝缘服（披肩）	10kV	件	2	
5		全身式安全带		副	2	
6		护目镜		副	2	
7	绝缘遮蔽用具	硬质导线遮蔽罩	10kV，1.2m	根	4	
8		硬质绝缘子遮蔽罩	10kV	只	2	
9	绝缘工器具	射枪操作杆		副	1	
10		绝缘锁杆		副	1	
11		绝缘断线钳		把	1	
12		绝缘杆套筒扳手	10kV	副	1	
13		J 型线夹安装工具	10kV	副	1	
14		绝缘传递绳	12mm	根	1	长度 15m
15	其他主要工器具	高压验电器	10kV	支	1	
16		绝缘电阻测试仪	2500V 及以上	只	1	
17		风速仪		只	1	
18		温、湿度计		只	1	
19		通话系统		套	1	
20		脚扣		副	2	
21		防潮苫布	3m × 3m	块	1	
22		安全围栏		副	若干	
23		标示牌	“从此进出！”	块	1	
24		标示牌	“在此工作！”	块	2	
25		标示牌	“前方施工，车辆慢行”	块	2	
26		路锥		个	若干	

4. 危险点分析及预防控制措施（见表1–6）

表1–6　危险点分析及预防控制措施

序号	危险点	预防控制措施	完成情况
1	触电	（1）工作前，应确认分支线有防倒送电措施，跌落式熔断器已断开，熔管已取下。 （2）作业时必须使用绝缘手套。 （3）人身与带电体的安全距离不得小于0.4m，不能满足以上安全距离时，应采用绝缘遮蔽、隔离措施	
2	误登杆	登塔前必须仔细核对线路双重名称、杆号，确认无误后方可上杆	
3	倒杆	登杆前，应检查电杆，拉线、杆根埋深等情况，发现不符合安全要求，应做好安全措施后，方可登杆作业	
4	高空坠落	（1）高空作业应使用全身式安全带，戴绝缘安全帽。 （2）杆上转移作业位置时，不得失去全身式安全带的保护。 （3）电杆上有人工作，不得调整或拆除拉线	
5	高处坠物伤人	（1）现场人员必须戴好安全帽。 （2）电杆上作业防止落物，使用工器具、材料等放在工具袋内，工器具、材料的传递要使用绝缘传递绳	

（四）安全注意事项（见表1–7）

表1–7　安全注意事项

序号	预防控制措施	完成情况
1	严禁带负荷断引流线	
2	登杆前应对登杆用具进行试冲击检查，登杆使用后备保护绳；杆上作业时不得失去全身式安全带的保护	
3	作业人员在登塔和进行带电作业时，必须设专人监护且监护人不得直接操作。监护的范围不得超过一个作业点	
4	作业中，人体应保持对带电体0.4m以上的安全距离；如不能确保该安全距离时，应采用绝缘遮蔽措施，遮蔽用具之间的重叠部分不得小于150mm	
5	带电断引线时已断开相的导线，应在采取防感应电措施后方可触及	

（五）作业程序与规范（见表 1-8）

表 1-8　　作业程序与规范

序号	作业内容	作业步骤及标准	安全措施及注意事项	责任人
1	现场复勘	工作负责人核对工作线路双重名称、杆号		
		工作负责人检查作业线路装置是否具备带电作业条件	电杆杆根、埋深、杆身质量；确认控制设备已断开	
		工作负责人检查气象条件	天气应良好，无雷、雨、雪、雾；风力不大于 5 级；空气相对湿度不大于 80%	
2	履行工作许可制度	工作负责人与值班调控人员或运维人员联系，履行许可手续	本项目一般无需停用线路重合闸	
3	召开站班会	（1）站班列队。 （2）“三交”主要内容：任务交底、安全交底、技术交底。 （3）“三查”主要内容：检查人员着装、身体状况、工器具、准备情况。 （4）作业人员清楚“三交三查”内容后签字确认		
4	布置工作现场	工作现场设置安全护栏、作业标志和相关警示标志	（1）安全围栏的范围应考虑作业中高空坠落和高空落物的影响以及道路交通，必要时联系交通部门。 （2）围栏的出入口应设置合理。 （3）警示标示应包括“从此进出”“施工现场”等，道路两侧应有“车辆慢行”或“车辆绕行”标示或路障	
5	检查工器具	（1）将绝缘工器具摆放在防潮苫布上。 （2）对绝缘工器具进行外观检查	（1）防潮垫（毯）应清洁、干燥。 （2）工器具应按定置管理要求分类摆放。 （3）绝缘工器具不能与金属工具、材料混放	
		（3）使用绝缘电阻测试仪分段检测绝缘工具的表面绝缘电阻值	（1）测量电极应符合规程要求（极宽 2cm、极间距 2cm）。 （2）正确使用（自检、测量）绝缘电阻测试仪（应采用点测的方法，不应使电极在绝缘工具表面滑动，避免刮伤绝缘工具表面）。 （3）绝缘电阻值不得低于 700MΩ	
		绝缘工器具检查完毕，向工作负责人汇报检查结果		
6	登杆	杆上电工穿戴好绝缘安全帽、绝缘披肩及全身式安全带		
		杆上电工对全身式安全带、后备保护绳、脚扣进行外观检查及冲击力试验	冲击试验的高度不应高于 0.5m	

续表

序号	作业内容	作业步骤及标准	安全措施及注意事项	责任人
6	登杆	获得工作负责人许可后，杆上电工携带绝缘传递绳及工具袋登杆	（1）工具袋内，绝缘手套与金属工具、材料等应分开存放。 （2）杆上电工应逐次交错登杆，1 号杆上电工的位置高于 2 号杆上电工。 （3）登杆过程应全程使用全身式安全带，不得脱离全身式安全带的保护，防止高空坠落	
7	进入带电作业区域	杆上电工登杆至离带电体距离 2m 左右时，调整好各自的站位，在电杆上绑好后备保护绳，并戴好绝缘手套	（1）后备保护绳应稍高于全身式安全带，起到高挂低用的作用，但不能挂在横担上。 （2）进入带电作业区域后，严禁摘下绝缘手套	
8	验电	杆上 1 号电工按照“分支导线－主导线－绝缘子－横担－主导线”的顺序进行验电，确认无漏电现象		
9	设置绝缘遮蔽隔离措施	杆上 1 号电工用射枪操作杆按照“由近及远，从下到上，先带电体后接地体”的原则设置绝缘遮蔽隔离措施	（1）绝缘遮蔽措施的设置部位及其顺序依次为：导线、绝缘子。 （2）杆上 1 号电工应与带电体保持足够的距离（大于 0.4m），绝缘操作杆的有效绝缘长度应大于 0.7m。 （3）绝缘遮蔽应严实、牢固，导线遮蔽罩间搭接重叠部分应大于 15cm。 （4）防止高空落物	
10	断近边相分支线路引流线	在工作负责的监护下，杆上 1 号、2 号电工配合断开近边相分支线路引流线。断引流线方法如下： （1）杆上 2 号电工用绝缘锁杆夹持住引流线上部。 （2）杆上 1 号电工，使用绝缘套筒扳手拧松线夹。 （3）杆上 2 号电工用绝缘锁杆控制引流线向装置外侧拉开，并做好防止引流线断开后摆动的措施	(1)杆上电工与分支线路引流线接线柱的距离应大于 0.4m。为保证杆上 1 号电工的安全距离，在断开引流线上部时，杆上 1 号电工应在分支线路引流线的横担对侧。 （2）绝缘操作杆的有效绝缘长度应大于 0.7m。 （3）防止高空落物	
11	断远边相分支线路引流线	在工作负责的监护下，杆上 1 号、2 号电工调整好站位，按照相同的步骤和要求断开远边相分支线路引流线	同断近边相	
		杆上 1 号电工用射枪操作杆调整好主导线上的绝缘遮蔽隔离措施。绝缘遮蔽措施应严密牢固，绝缘遮蔽组合的搭接重叠部分不得小于 15cm		
12	断中相分支线路引流线	在工作负责的监护下，杆上 1 号、2 号电工调整好站位，按照相同的步骤和要求断开中相分支线路引流线	同断近边相	
13	拆除绝缘遮蔽隔离措施	杆上 1 号电工按照“从远到近、从上到下、先接地体后带电体”的原则拆除绝缘遮蔽。检查杆上无遗留物，作业人员返回地面	(1)杆上 1 号电工应与带电体保持足够的距离（大于 0.4m），绝缘操作杆的有效绝缘长度应大于 0.7m。 （2）防止高空落物	

续表

序号	作业内容	作业步骤及标准	安全措施及注意事项	责任人
14	工作验收	杆上电工检查施工质量	(1) 杆上无遗漏物。 (2) 装置无缺陷，符合运行条件。 (3) 向工作负责人汇报施工质量	
15	撤离杆塔	杆上电工依次下杆	(1) 下杆前，1 号电工应先收起绝缘传递绳背在身上。 (2) 下杆时应全程使用全身式安全带，防止高空坠落	
16	整理工具和清理现场	(1) 工作负责人组织班组成员整理工具、材料。 (2) 将工器具清洁后放入专用的箱（袋）中。 (3) 清理现场，做到“工完、料尽、场地清”		
17	召开收工会	工作负责人组织召开现场收工会，作工作总结和点评工作	(1) 正确点评本项工作的施工质量。 (2) 点评班组成员在作业中安全措施的落实情况。 (3) 点评班组成员对规程的执行情况	
18	办理工作终结手续	工作负责人向工作许可人汇报工作结束，并终结工作		

（六）报告及记录

1. 作业总结（见表 1–9）

表 1–9　　作 业 总 结

序号	内容	
1	作业情况评价	
2	存在问题及处理意见	

2. 消缺记录（见表 1–10）

表 1–10　　消 缺 记 录

序号	消缺内容	消缺人

3. 指导书执行情况评估（见表1-11）

表1-11 指导书执行情况评估

<table>
<tr><td rowspan="4">评估内容</td><td rowspan="2">符合性</td><td>优</td><td></td><td>可操作项</td><td></td></tr>
<tr><td>良</td><td></td><td>不可操作项</td><td></td></tr>
<tr><td rowspan="2">可操作性</td><td>优</td><td></td><td>修改项</td><td></td></tr>
<tr><td>良</td><td></td><td>遗漏项</td><td></td></tr>
<tr><td>存在问题</td><td colspan="5"></td></tr>
<tr><td>改进意见</td><td colspan="5"></td></tr>
</table>

第二章

绝缘杆作业法带电接分支线路引流线

第一节 项 目 类 别

根据 Q/GDW 10520—2016《10kV 配网不停电作业规范》中“项目分类”的划分，本项目为第一类绝缘杆作业法，填写《配电带电作业工作票》，适用于 10kV 架空线路带电接分支线路引流线工作，见图 2-1。

图 2-1 现场操作

第二节 人员要求及分工

根据 GB/T 18857－2019《配电线路带电作业技术导则》，本项目人员要求及分工见表 2－1。

表 2－1　　人员要求及分工

序号	人员	数量	职责分工
1	工作负责人（监护人）	1 人	负责组织、指挥作业，作业中全程监护，落实安全措施
2	杆上作业人员	2 人	1 号杆上电工：负责杆上作业。 2 号杆上电工：负责杆上作业，协助 1 号电工作业
3	地面电工	1 人	负责地面配合作业

第三节 主要工器具

根据 Q/GDW 10520—2016《10kV 配网不停电作业规范》，本项目主要工器具配备一览表见表 2－2。

表 2－2　　主要工器具配备一缆表

序号	工器具名称		型号/规格	单位	数量	备注
1	个人防护用具	绝缘安全帽	10kV	顶	2	
2		普通安全帽		顶	4	
3		绝缘手套	10kV	双	2	戴防护手套
4		全身式安全带		根	2	
5		护目镜		副	2	
6		绝缘服（披肩）	10kV	件	2	
7	绝缘遮蔽用具	硬质导线遮蔽罩	10kV　1.2m	个	4	
8		硬质绝缘子遮蔽罩	10kV	个	2	

续表

序号	工器具名称		型号/规格	单位	数量	备注
9	绝缘工器具	绝缘操作杆		副	1	
10		绝缘测量杆		副	1	
11		J 型线夹安装工具		副	1	
12		绝缘锁杆		副	1	
13		绝缘套筒操作杆		根	1	
14		绝缘导线剥皮器		套	1	
15		绝缘绳	ϕ12mm，15m	根	1	
16	其他主要工器具	钢卷尺		把	1	
17		棘轮扳手		把	1	
18		脚扣		副	2	
19		标示牌	“从此进出！”	块	1	
20		标示牌	“在此工作！”	块	2	
21		通话系统		套	1	
22		电动液压钳		把	1	
23		防潮苫布		块	1	
24		绝缘电阻测试仪	2500V 及以上	台	1	
25		高压验电器	10kV	支	1	
26		风速仪		只	1	
27		温、湿度计		只	1	
28		安全围栏		副	若干	
29		干燥清洁布		块	若干	
30		铜铝接线端子		个	3	
31		架空绝缘导线		m	8	
32		异型线夹		只	6	
33		绝缘胶带	黄、绿、红	卷	3	

工器具展示（部分）（见图 2－2）。

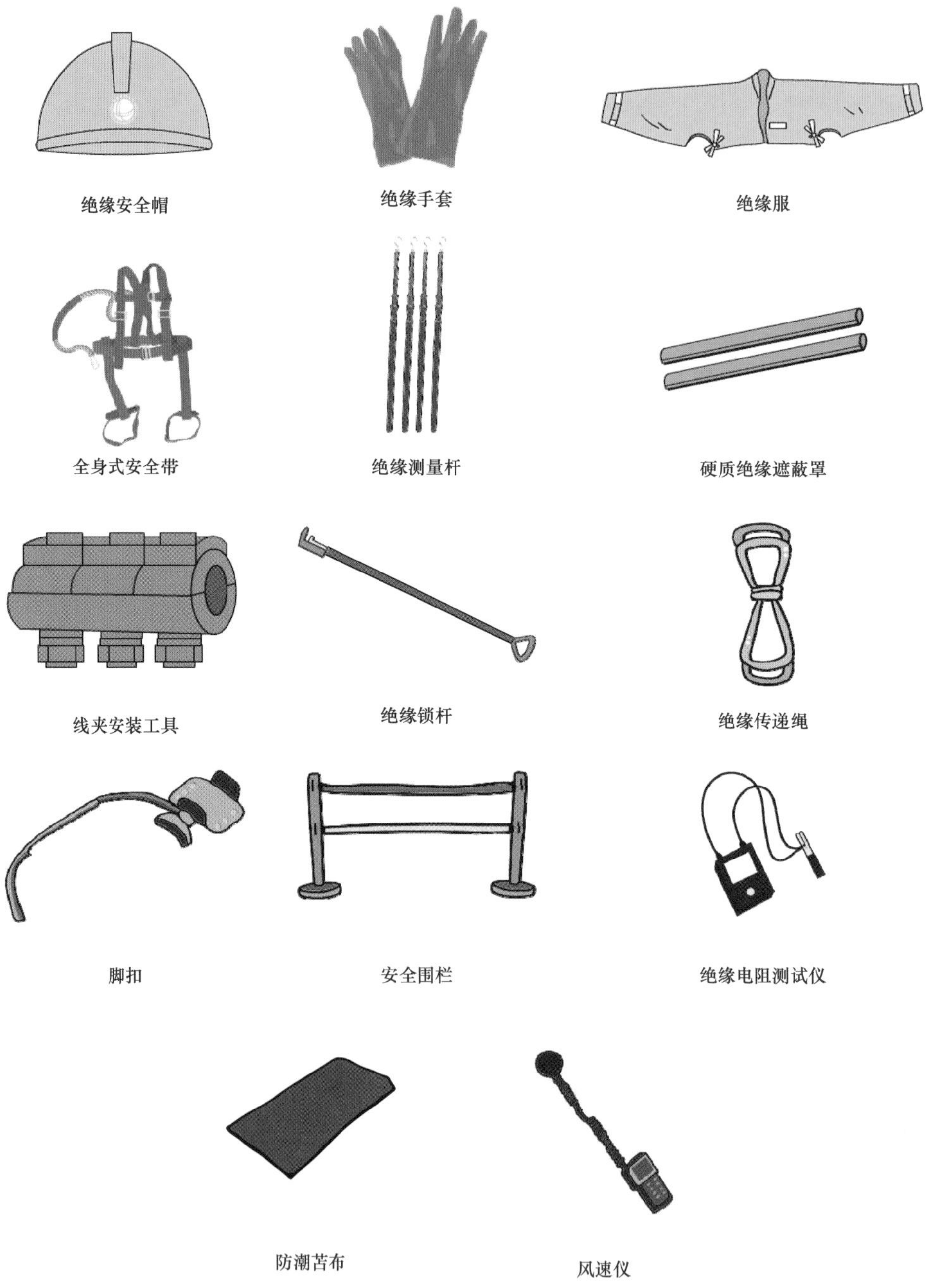

绝缘安全帽　绝缘手套　绝缘服

全身式安全带　绝缘测量杆　硬质绝缘遮蔽罩

线夹安装工具　绝缘锁杆　绝缘传递绳

脚扣　安全围栏　绝缘电阻测试仪

防潮苫布　风速仪

图 2－2　工器具（部分）

第四节　作　业　步　骤

（一）作业前的准备

1. 现场复勘

（1）工作负责人核对线路名称、杆号，见图 2－3。

图 2－3　现场操作 1

（2）工作负责人检查确认负荷侧变压器、电压互感器确已退出，熔断器确已断开，熔管已取下，待接引流线确已空载，检查作业装置和现场环境符合带电作业条件，同时检查并确定所接分支线路或配电变压器绝缘良好无误，相位正确无误，线路上确无人工作，见图 2－4。

图 2-4　现场操作 2

（3）工作负责人检查气象条件，见图 2-5。

图 2-5　现场操作 3

（4）杆上电工检查电杆根部、基础、埋深和拉线是否牢固，见图 2-6。

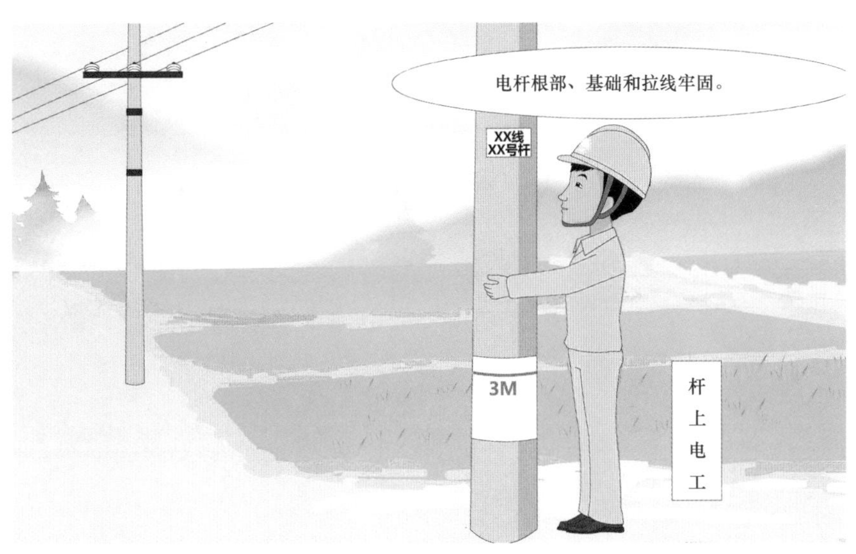

图 2-6　现场操作 4

2. 工作负责人履行工作许可制度

工作负责人按配电带电作业工作票内容与值班调控人员或运维人员联系，履行工作许可手续，见图 2-7。

图 2-7　现场操作 5

3. 布置工作现场

根据道路情况设置安全围栏、警告标志或路障，见图 2-8。

图 2-8　现场操作 6

4. 现场站班会

（1）工作负责人对工作班成员进行工作任务、安全措施交底和危险点告知，确认每一个工作班成员都已签名，见图 2-9。

图 2-9　现场操作 7

（2）工作负责人检查工作班成员精神状态是否良好，人员变动是否合适，见图 2－10。

图 2－10　现场操作 8

5. 工器具和材料检查

整理材料，检查绝缘工器具，使用绝缘电阻测试仪分段检测绝缘电阻，绝缘电阻值不低于 700MΩ，见图 2－11。

图 2－11　现场操作 9

（二）现场作业

1. 到达作业位置

杆上电工穿戴好绝缘防护用具，携带绝缘传递绳，登杆至适当位置，系好安全带及后备保护绳，见图 2－12。

图 2－12　现场操作 10

2. 验电

杆上电工使用验电器依次对导线、绝缘子、横担进行验电，确认无漏电现象，见图 2－13。

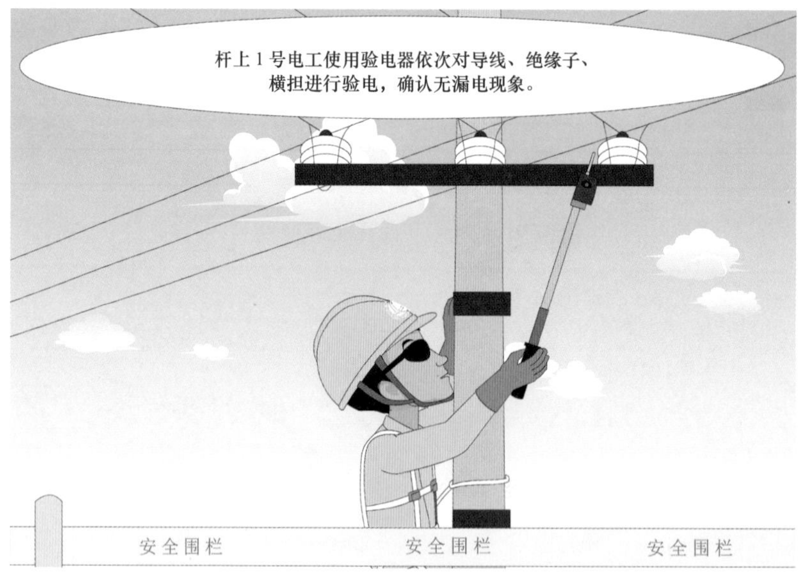

图 2－13　现场操作 11

3. 设置三相绝缘遮蔽措施

杆上1号和2号电工在地面电工的配合下，将绝缘操作杆和绝缘遮蔽用具分别传至杆上，杆上电工利用绝缘操作杆按照“从近到远、从下到上、先带电体后接地体”的遮蔽原则对作业范围内不能满足安全距离的带电体和接地体进行绝缘遮蔽，见图2–14。

图2–14　现场操作12

4. 接分支线路引线

（1）杆上电工检查三相熔断器安装应符合规范要求，见图2–15。

图2–15　现场操作13

（2）杆上电工使用绝缘测量杆测量三相上引线长度，由地面电工做好上引线，见图 2－16。

图 2－16　现场操作 14

（3）杆上电工使用绝缘剥皮器操作杆剥除三相绝缘导线绝缘皮，见图 2－17。

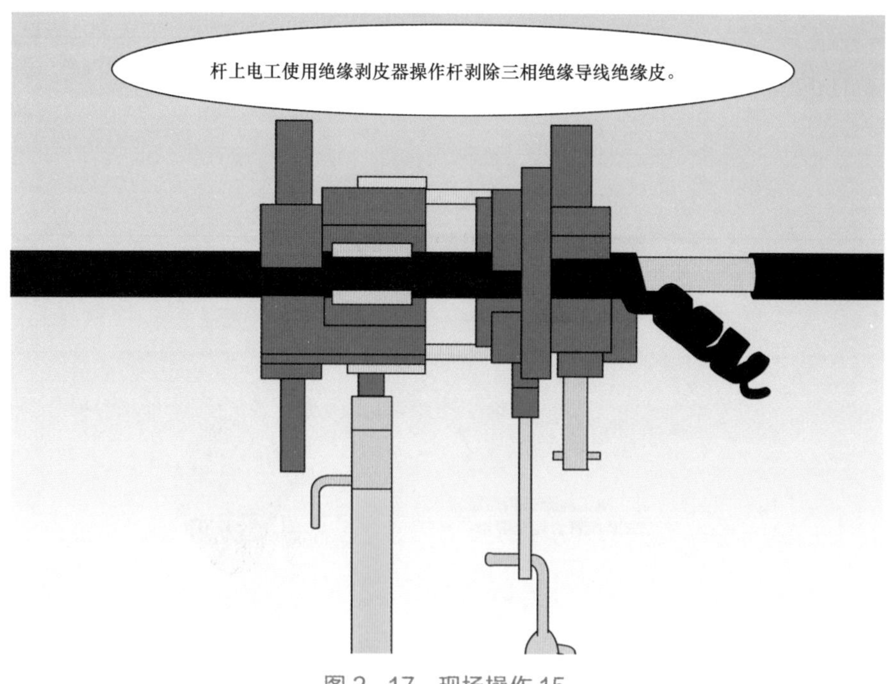

图 2－17　现场操作 15

（4）杆上电工将三相上引线无电端安装在熔断器上接线柱，三相引流线可分别连接，并固定在合适位置以避免摆动，见图2－18。

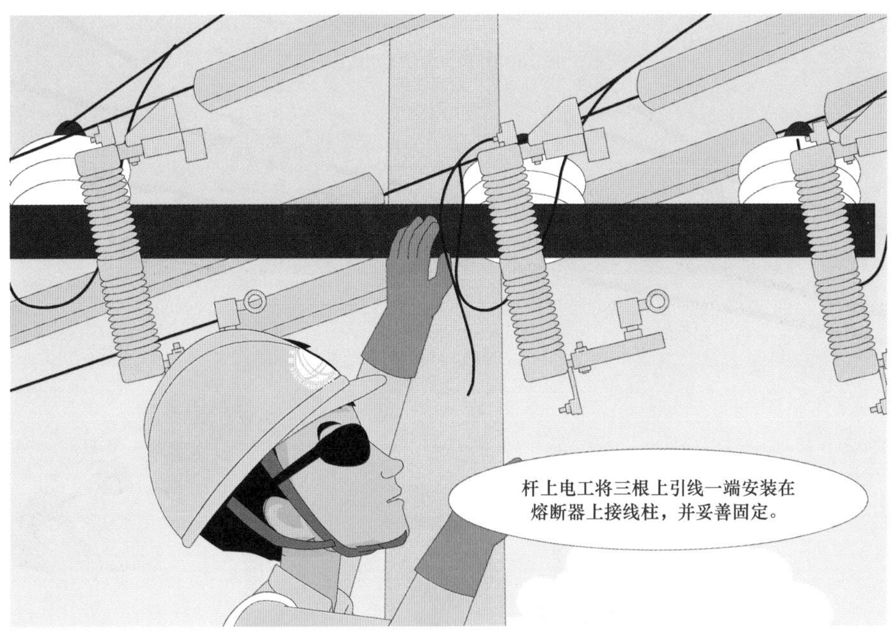

图2－18　现场操作16

（5）杆上电工先用导线清扫刷对三相导线的搭接处进行清除氧化层工作，见图2－19。

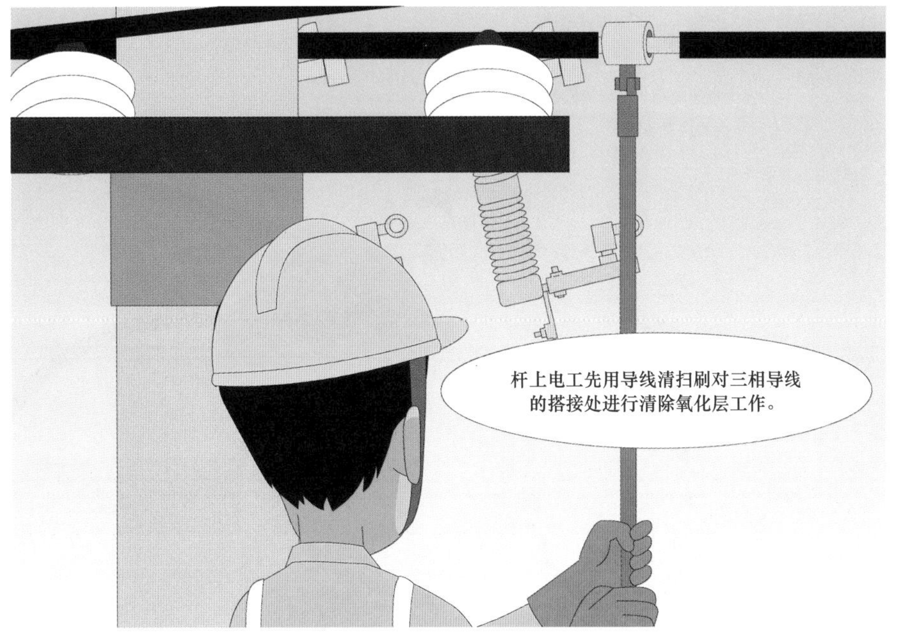

图2－19　现场操作17

（6）杆上电工用绝缘锁杆锁住上引线另一端后提升上引线，将其固定在距离横担 0.6m～0.7m 处的主导线上，见图 2－20。

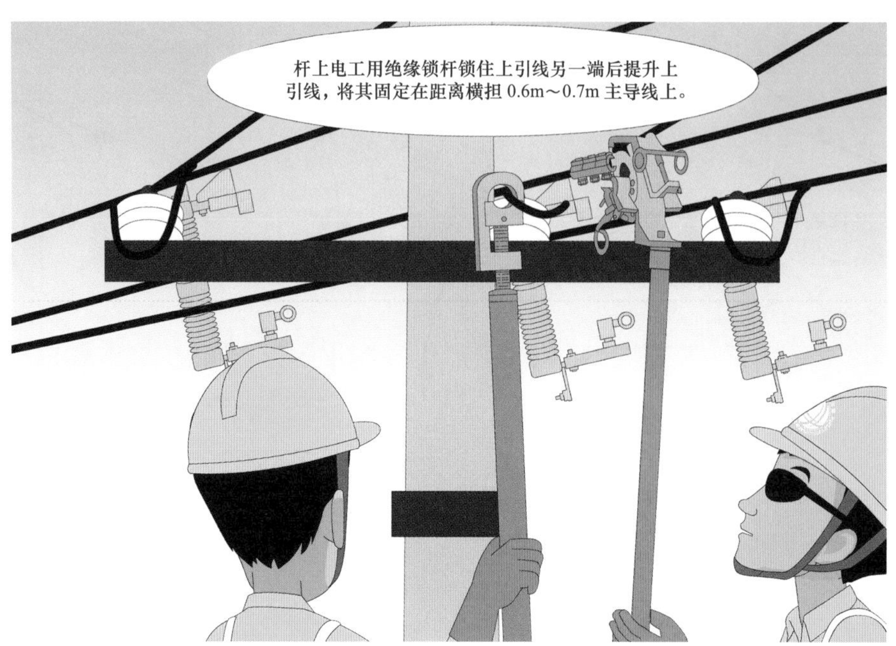

图 2 － 20　现场操作 18

（7）杆上电工使用 J 型线夹安装工具安装线夹，见图 2－21。

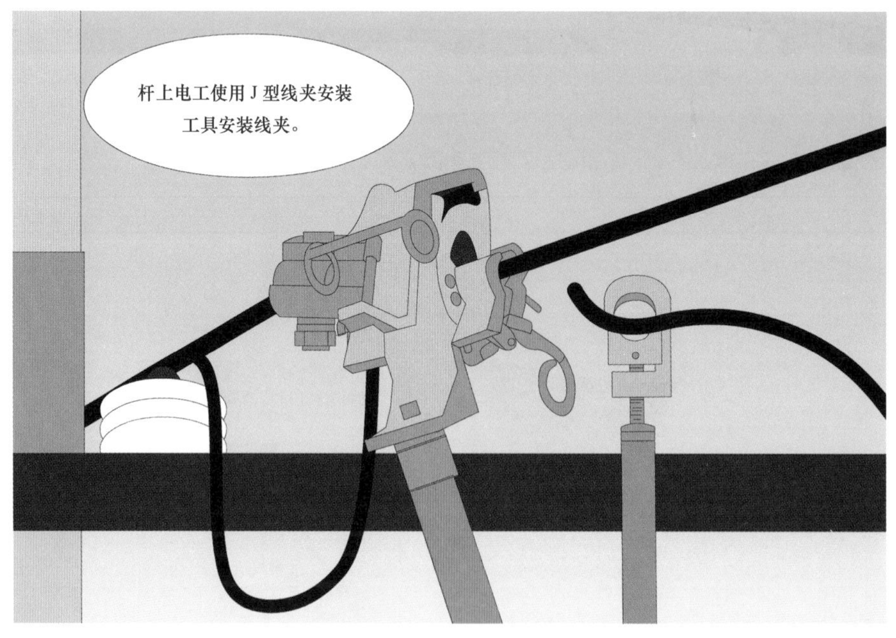

图 2－21　现场操作 19

（8）杆上电工使用 J 型线夹安装杆将螺栓拧紧，使引线与导线可靠连接，然后撤除绝缘锁杆，见图 2-22。

图 2-22　现场操作 20

（9）其余两相熔断器上引线连接按相同的方法进行。三相熔断器引线连接应可按先中间、后两侧的顺序进行，见图 2-23。

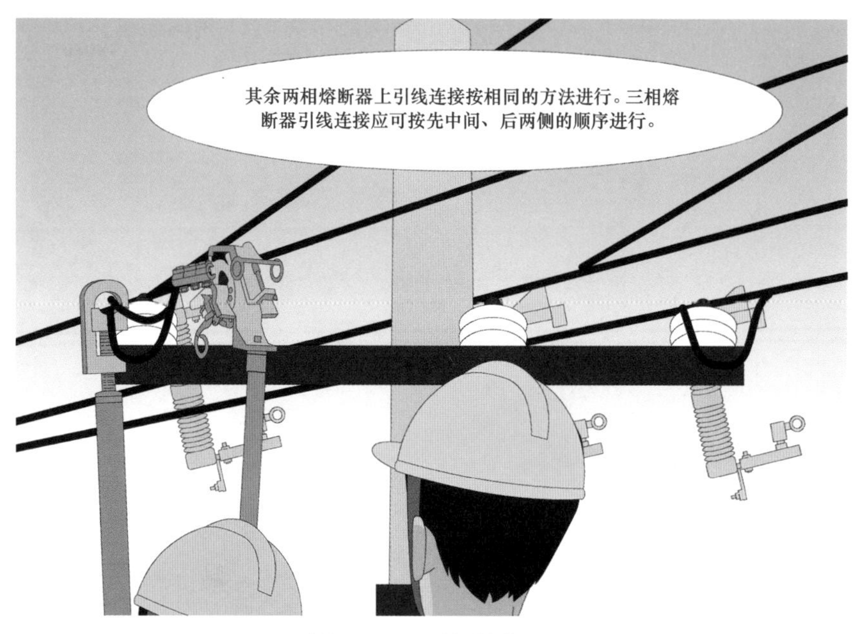

图 2-23　现场操作 21

（10）杆上电工和地面电工配合将绝缘工器具吊至地面，检查杆上无遗留物后，杆上电工返回地面，见图 2-24。

图 2-24 现场操作 22

（三）工作终结

（1）工作负责人组织工作人员清点工器具，并清理施工现场，见图 2-25。

图 2-25 现场操作 23

（2）工作负责人对完成的工作进行全面检查，符合验收规范要求后，记录在册并召开现场收工会进行工作点评后，宣布工作结束，见图 2－26。

图 2－26　现场操作 24

（3）汇报值班调控人员工作已经结束，工作班撤离现场，见图 2－27。

图 2－27　现场操作 25

第五节 安全注意事项

（1）严禁带负荷接引流线。

（2）带电作业应在良好天气下进行，作业前须进行风速和湿度测量。风力大于 5 级或湿度大于 80%时，不宜带电作业。若遇雷电、雪、雹、雨、雾等不良天气，禁止带电作业。带电作业过程中若遇天气突然变化，有可能危及人身及设备安全时，应立即停止工作，撤离人员，恢复设备正常状况，或采取临时安全措施。

（3）根据 Q/GDW 10520—2016《10kV 配网不停电作业规范》规定，本项目一般无需停用线路重合闸。

（4）作业中，绝缘操作杆的有效绝缘长度应不小于 0.7m。

（5）作业中，人体应保持对带电体 0.4m 以上的安全距离；如不能确保该安全距离时，应采用绝缘遮蔽措施，遮蔽用具之间搭接的重叠部分不得小于 150mm。

（6）带电接引时未接通相的引线，应在采取防感应电措施后方可触及。

（7）杆上电工操作时动作要平稳，已断开的上引线应与带电导体保持 0.4m 以上安全距离。

（8）在同杆架设线路上工作，与上层线路小于安全距离规定且无法采取安全措施时，不得进行该项工作。

（9）上、下传递工具、材料均应使用绝缘绳传递，严禁抛掷。

第六节 危险点分析及预控措施

（1）装置不符合作业条件，带负荷断引线。

工作当日到达现场进行现场复勘时，工作负责人应与运维单位人员共同检查并确认引线负荷侧开关确已断开，电压互感器、变压器等已退出运行，相位正确，线路无人工作。

（2）感应电触电。

带电接引线时，未接通相的引线，应在采取防感应电措施后方可触及。

（3）作业空间狭小，引起接地或短路。

1）有效控制引线；

2）接三相引线的顺序应为“先中相，后两边相”；

3）先将三相引线安装到跌落式熔断器上接线柱处，再逐相将引线搭接到主导线上。

第七节 作业指导书

绝缘杆作业法带电接分支线路引流线作业指导书

编写：__________ ________年______月______日

审核：__________ ________年______月______日

批准：__________ ________年______月______日

作业负责人：______________________________

作业日期：______年____月____日______时至______年____月____日____时

（一）适用范围

本作业指导书适用于绝缘杆作业法带电接分支线路引流线项目实际操作。

（二）规范性引用文件

GB/T 14286　带电作业工具设备术语

GB/T 18857　配电线路带电作业技术导则

DL/T 976　带电作业工具、装置和设备预防性试验规程

Q/GDW 10520—2016　10kV 配网不停电作业规范

国家电网安质〔2014〕265 号　国家电网公司电力安全工作规程（配电部分）

（三）作业前准备

1. 作业分工（见表 2–3）

表 2–3　作业分工

序号	作业分工	作业人员
1	工作负责人（监护人）	
2	1 号杆上电工	
3	2 号杆上电工	
4	地面电工	

2. 准备工作安排（见表 2–4）

表 2–4　准备工作安排

序号	内容	标准	负责人	备注
1	现场勘查	（1）工作负责人核对工作线路双重名称、杆号。 （2）检查线路装置是否具备不停电作业条件，确认电杆埋深、杆身质量，杆上设备完好		
2	组织现场作业人员学习标准化作业指导书	掌握绝缘杆作业法带电接分支线路引线的整个操作程序，理解工作任务、质量标准及操作中的危险点及控制措施		
3	开工前“三交三查”	（1）“三交”主要内容：任务交底、安全交底、技术交底。 （2）“三查”主要内容：检查人员的着装、身体状况和工器具的准备情况		

3. 工器具和仪器仪表（见表2–5）

表2–5 工器具和仪器仪表

序号	工器具名称		型号/规格	单位	数量	备注
1	个人防护用具	绝缘安全帽	10kV	顶	2	
2		普通安全帽		顶	4	
3		绝缘手套	10kV	副	2	戴防护手套
4		全身式安全带		根	2	
5		护目镜		副	2	
6		绝缘服（披肩）	10kV	件	2	
7	绝缘遮蔽用具	硬质导线遮蔽罩	10kV，1.2m	个	4	
8		硬质绝缘子遮蔽罩	10kV	个	4	
9	绝缘工器具	绝缘操作杆		副	1	
10		绝缘测量杆		副	1	
11		J型线夹安装工具		副	1	
12		绝缘导线剥皮器		套	1	
13		绝缘锁杆		副	1	
14		绝缘套筒操作杆		根	1	
15		绝缘绳	12mm，15m	根	1	
16	其他主要工器具	钢卷尺		把	1	
17		棘轮扳手		把	1	
18		脚扣		副	2	
19		标示牌	“从此进出！”	块	1	
20		标示牌	“在此工作！”	块	2	
21		断线钳		把	1	
22		通话系统		套	1	
23		电动液压钳		把	1	
24		防潮苫布		块	1	

续表

序号	工器具名称		型号/规格	单位	数量	备注
25	其他主要工器具	绝缘电阻测试仪	2500V 及以上	台	1	
26		高压验电器	10kV	支	1	
27		风速仪		只	1	
28		温、湿度计		只	1	
29		安全围栏		副	若干	
30	材料和备品、备件	干燥清洁布		块	若干	
31		铜铝接线端子		个	3	
32		绝缘导线		米	若干	
33		J 型线夹		只	3	
34		绝缘胶带	黄、绿、红	卷	3	

4. 危险点分析及预防控制措施（见表 2–6）

表 2–6　　危险点分析及预防控制措施

序号	危险点	预防控制措施	完成情况
1	触电	（1）工作前，应确认分支线有防倒送电措施，跌落式熔断器已断开，熔管已取下。 （2）作业时必须使用绝缘手套。 （3）人身与带电体的安全距离不得小于 0.4m，不能满足以上安全距离时，应采用绝缘遮蔽、隔离措施	
2	误登杆	登塔前必须仔细核对线路双重名称、杆号，确认无误后方可上杆	
3	倒杆	登杆前，应检查电杆，拉线、杆根埋深等情况，发现不符合安全要求，应做好安全措施后，方可登杆作业	
4	高空坠落	（1）高空作业应使用全身式安全带，戴绝缘安全帽。 （2）杆上转移作业位置时，不得失去全身式安全带的保护。 （3）电杆上有人工作，不得调整或拆除拉线	
5	高处坠物伤人	（1）现场人员必须戴好安全帽。 （2）电杆上作业防止落物，使用工器具、材料等放在工具袋内，工器具、材料的传递要使用绝缘传递绳	

（四）安全注意事项（见表 2-7）

表 2-7 安全注意事项

序号	预防控制措施	完成情况
1	严禁带负荷接引流线	
2	登杆前应对登杆用具进行试冲击检查，登杆使用后备保护绳；杆上作业时不得失去全身式安全带的保护	
3	作业人员在登塔和进行带电作业时，必须设专人监护且监护人不得直接操作。监护的范围不得超过一个作业点	
4	作业中，人体应保持对带电体 0.4m 以上的安全距离；如不能确保该安全距离时，应采用绝缘遮蔽措施，遮蔽用具之间搭接的重叠部分不得小于 150mm	
5	带电接引时未接通相的引线，应在采取防感应电措施后方可触及	

（五）作业程序与规范（见表 2-8）

表 2-8 作业程序与规范

序号	作业内容	作业步骤及标准	安全措施及注意事项	责任人
1	现场复勘	工作负责人核对工作线路双重名称、杆号		
		工作负责人检查环境是否符合作业要求		
		工作负责人检查线路装置是否具备带电作业条件	（1）电杆杆根、埋深应符合登杆要求。 （2）确认控制设备已断开	
		工作负责人检查气象条件	天气应良好，无雷、雨、雪、雾；风力不大于 5 级；空气相对湿度不大于 80%	
2	履行工作许可制度	工作负责人与值班调控人员或运维人员联系，履行许可手续	本项目一般无需停用线路重合闸	
3	召开站班会	（1）站班列队。 （2）“三交”主要内容：任务交底、安全交底、技术交底。 （3）“三查”主要内容：检查人员的着装、身体状况和工器具的准备情况。 （4）人员清楚“三交三查” 内容后签字确认		

续表

序号	作业内容	作业步骤及标准	安全措施及注意事项	责任人
4	布置工作现场	工作现场设置安全护栏、作业标志和相关警示标志	（1）安全围栏的范围应考虑作业中高空坠落和高空落物的影响以及道路交通，必要时联系交通部门。 （2）围栏的出入口应设置合理。 （3）警示标示应包括“从此进出”“施工现场”等，道路两侧应有“车辆慢行”或“车辆绕行”标示或路障	
5	检查工器具	将绝缘工器具摆放在防潮苫布上： （1）对绝缘工器具进行外观检查。 （2）班组成员使用绝缘电阻测试仪分段检测绝缘工具的表面绝缘电阻值	（1）防潮垫（毯）应清洁、干燥。 （2）工器具应按定置管理要求分类摆放。 （3）绝缘工器具不能与金属工具、材料混放。 （4）检查人员应戴清洁、干燥的手套。 （5）绝缘工具表面不应磨损、变形损坏，操作应灵活。 （6）个人安全防护用具和遮蔽、隔离用具应无针孔、砂眼、裂纹。 （7）测量电极应符合规程要求（极宽 2cm、极间距 2cm）。 （8）正确使用（自检、测量）绝缘电阻测试仪（应采用点测的方法，不应使电极在绝缘工具表面滑动，避免刮伤绝缘工具表面），绝缘电阻值不得低于 700 MΩ	
6	登杆	杆上 1、2 号电工携带绝缘传递绳及工具袋登杆至合适位置	（1）杆上电工穿戴好绝缘安全帽、绝缘披肩和绝缘鞋，并由工作负责人检查。 （2）杆上电工应在距离地面不高于 0.5m 的高度对全身式安全带、后备保护绳、脚扣进行冲击试验并检查。 （3）杆上电工应交错登杆，1 号杆上电工的位置高于 2 号杆上电工。 （4）杆上电工应注意保持与带电体间有足够的作业安全距离。 （5）杆上电工登杆至离带电体（架空主导线）2m 左右时，调整好各自的站位，在电杆上绑好后备保护绳，并戴好绝缘手套	
7	验电	杆上 1 号电工按照“导线－绝缘子－横担－导线”的顺序进行验电，确认无漏电现象		
8	设置绝缘遮蔽	杆上 1 号电工用绝缘操作杆按照“由近及远，从下到上，先带电体后接地体”的原则设置（中相引线两侧）两边相绝缘遮蔽隔离措施	（1）上下传递工器具应使用绝缘传递绳。 （2）杆上 1 号电工设置绝缘遮蔽措施时应与带电体保持足够的距离（大于 0.4m），绝缘操作杆的有效绝缘长度应大于 0.7 m。 （3）绝缘遮蔽应严实、牢固，导线遮蔽罩间搭接重叠部分大于 15cm。 （4）防止高空落物	

续表

序号	作业内容	作业步骤及标准	安全措施及注意事项	责任人
9	测量、制作引线	杆上 1 号电工用绝缘测距杆测量三分支线路相引线长度	（1）杆上 1 号电工测距时应戴绝缘手套。 （2）杆上 1 号电工应与带电体（主导线）保持足够的安全距离（大于 0.4m），绝缘测距杆的有效绝缘长度应大于 0.7m	
		地面作业人员按照需要制作三根引线	引线制作完毕，应盘圈固定，防止杆上作业人员安装时引线发生弹跳	
10	主导线剥皮、清理	在工作负责人的监护下，杆上 1 号电工操作绝缘杆式导线剥皮器，依次剥除三相分支线路引线搭接处主导线的绝缘层，并用导线清扫杆去除主导线上引线搭接部位的金属氧化物或脏污	（1）杆上 1 号电工应与带电体保持足够的安全距离（大于 0.4m）。 （2）导线剥皮器、导线清扫杆的有效绝缘长度应大于 0.7m	
11	搭接引流线	杆上 1 号电工用绝缘锁杆试搭三相引线，调整好三相引线的长度，并将三相引线自然垂放，尾端进行固定	（1）杆上 1 号电工在搭接引线前应对三相引线进行试搭，在试搭时，应戴绝缘手套；与带电体保持足够的距离（大于 0.4 m），绝缘锁杆的有效绝缘长度应大于 0.7m。 （2）注意两边相引线应向装置外部垂放，避免中间相引线搭接后，与边相引线安全距离不够	
		杆上 1 号电工与杆上 2 号电工配合搭接中间相引线： （1）引线与电杆之间的距离应大于 30cm、与带电体之间的距离应大于 20cm。 （2）使用 J 型线夹安装杆将线夹传送到主导线上，用绝缘锁杆将引线放入 J 型线夹安装器线槽内，使用绝缘套筒操作杆固定线夹	（1）杆上作业人员在搭接引线时应与带电体保持足够的距离（大于 0.4 m），绝缘杆的有效绝缘长度应大于 0.7m。 （2）防止高空落物	
		在工作负责人的监护下，杆上 1 号、2 号电工调整好站位，按照相同的步骤和要求接外边相分支线路上引线	（1）杆上作业人员在搭接引线时应与带电体保持足够的距离（大于 0.4 m），绝缘杆的有效绝缘长度应大于 0.7m。 （2）防止高空落物	
		在工作负责人的监护下，杆上 1 号、2 号电工调整好站位，按照相同的步骤和要求接内边相分支线路上引线	（1）杆上作业人员在搭接引线时应与带电体保持足够的距离（大于 0.4 m），绝缘杆的有效绝缘长度应大于 0.7m。 （2）防止高空落物	
12	撤除绝缘遮蔽措施	杆上 1 号电工按照“从远到近、从上到下、先接地体后带电体”的原则拆除绝缘遮蔽。检查杆上无遗留物，作业人员返回地面	（1）杆上作业人员在搭接引线时应与带电体保持足够的距离（大于 0.4 m），绝缘杆的有效绝缘长度应大于 0.7m。 （2）防止高空落物	
13	清理工具和现场	整理工具、材料，将工器具清洁后放入专用的箱（袋）中，清理现场	工作负责人组织班组成员整理工具、材料。将工器具清洁后放入专用的箱（袋）中。清理现场，做到“工完、料尽、场地清”	

续表

序号	作业内容	作业步骤及标准	安全措施及注意事项	责任人
14	工作负责人召开收工会	正确点评本项工作的施工质量；点评班组成员在作业中的安全措施的落实情况；点评班组成员对规程的执行情况		
15	工作负责人办理工作终结	向工作许可人汇报工作结束，并终结工作		

（六）报告及记录

1. 作业总结（见表 2–9）

表 2–9　　作　业　总　结

序号	内容	
1	实训情况评价	
2	存在问题及处理意见	

2. 消缺记录（见表 2–10）

表 2–10　　消　缺　记　录

序号	消缺内容	消缺人

3. 指导书执行情况评估（见表 2–11）

表 2–11　　指导书执行情况评估

评估内容					
评估内容	符合性	优		可操作项	
		良		不可操作项	
	可操作性	优		修改项	
		良		遗漏项	
存在问题					
改进意见					

第三章

绝缘手套作业法带电断分支线路引流线

第一节 项 目 类 别

根据 Q/GDW 10520—2016《10kV 配网不停电作业规范》中“项目分类”的划分，本项目为第二类绝缘手套作业法，填写《配电带电作业工作票》，适用于 10kV 架空线路带电断分支线路引流线工作，见图 3－1。

图 3－1 现场操作

第二节　人员要求及分工

根据 GB/T 18857－2019《配电线路带电作业技术导则》，本项目人员要求及分工见表 3－1。

表 3－1　　人员要求及分工

序号	人员	数量	职责分工
1	工作负责人（监护人）	1 人	负责组织、指挥作业，作业中全程监护，落实安全措施
2	斗内电工	2 人	负责斗内作业
3	地面电工	1 人	负责地面配合作业

第三节　主要工器具

根据 Q/GDW 10520—2016《10kV 配网不停电作业规范》，本项目主要工器具配备一览表见表 3－2。

表 3－2　　主要工器具配备一览表

序号	工器具名称		型号/规格	单位	数量	备注
1	特种车辆	绝缘斗臂车		辆	1	
2	个人防护用具	绝缘安全帽	10kV	顶	2	
3		绝缘手套	10kV	双	2	戴防护手套
4		绝缘服	10kV	件	2	
5		全身式安全带		副	2	
6		护目镜		副	2	

续表

序号	工器具名称		型号/规格	单位	数量	备注
7	个人防护用具	普通安全帽		顶	4	
8	绝缘遮蔽用具	导线遮蔽罩	10kV，1.5m	根	若干	
9		引线遮蔽罩	10kV，0.6m	根	若干	
10		绝缘毯	10kV	块	若干	
11		绝缘毯夹	10kV	只	若干	
12	绝缘工器具	绝缘绳	ϕ12mm，15m	根	1	
13		绝缘操作杆	1.4m	副	1	
14	其他主要工器具及仪器仪表	高压验电器	10kV	支	1	
15		绝缘电阻测试仪	2500V 及以上	只	1	
16		风速仪		只	1	
17		温、湿度计		只	1	
18		对讲机		套	1	
19		防潮苫布	3m×3m	块	1	
20		安全围栏、安全围绳		副	若干	
21		标示牌	“从此进出！”	块	1	
22		标示牌	“在此工作！”	块	2	
23		标示牌	“前方施工，车辆慢行”	块	2	
24	材料和备品、备件	干燥清洁布		块	若干	

工器具展示（部分）（见图 3–2）

绝缘安全帽

绝缘手套

绝缘鞋

绝缘服

斗内安全绳

绝缘斗臂车

全身式安全带

导线遮蔽罩

绝缘毯

绝缘电阻测试仪

风速仪

绝缘绳

护目镜

安全围栏

防潮苫布

图 3–2　工器具（部分）

第四节 作 业 步 骤

（一）作业前的准备

1. 现场复勘

（1）工作负责人核对线路名称、杆号，见图 3－3。

图 3－3 现场操作 1

（2）工作负责人检查作业装置和现场环境符合带电作业条件，见图 3－4。

1）断跌落式熔断器上引线：熔断器确已断开，熔管已取下。

2）断分支引流线：负荷侧变压器、电压互感器确已退出，待断引流线确已空载。

图 3-4 现场操作 2

（3）工作负责人检查气象条件，见图 3-5。

图 3-5 现场操作 3

（4）斗内电工检查电杆根部、基础、埋深和拉线是否牢固，见图 3-6。

图 3－6　现场操作 4

2. 工作负责人履行工作许可制度

工作负责人按配电带电作业工作票内容与值班调控人员或运维人员联系，办理工作许可手续，见图 3－7。

图 3－7　现场操作 5

3. 布置工作现场

（1）绝缘斗臂车停到合适位置，并可靠接地，见图 3－8。

图 3－8　现场操作 6

（2）根据道路情况设置安全围栏、警告标志或路障，见图 3－9。

图 3－9　现场操作 7

4. 现场站班会

（1）工作负责人对工作班成员进行工作任务、安全措施交底和危险点告知，确认每一个工作班成员都已签名确认，见图 3－10。

图 3－10 现场操作 8

（2）工作负责人检查工作班成员精神状态是否良好，人员变动是否合适，见图 3－11。

图 3－11 现场操作 9

5. 工器具和材料检查

（1）整理材料，检查绝缘工器具，使用绝缘电阻测试仪分段检测绝缘电阻，绝缘电阻值不低于 700MΩ，见图 3-12。

图 3-12　现场操作 10

（2）查看绝缘臂、绝缘斗良好，进行空斗试操作检查各部件功能正常、可靠，并根据工作位置调整斗臂车位置，见图 3-13。

图 3-13　现场操作 11

（二）现场作业

1. 到达作业位置

（1）斗内电工穿戴好绝缘防护用具，进入绝缘斗，挂好安全带保险钩，见图 3－14。

图 3－14　现场操作 12

（2）工作斗操作人员操作绝缘斗到达工作位置，确认分支线路空载，见图 3－15。

图 3－15　现场操作 13

2. 验电

斗内电工将工作斗调整至适当位置，使用验电器依次对导线、绝缘子、横担进行验电，确认无漏电现象，见图3－16。

图3－16 现场操作14

3. 设置三相绝缘遮蔽措施

（1）斗内电工将绝缘斗调整至近边相导线外侧适当位置，按照“从近到远、从下到上、先带电体后接地体”的遮蔽原则对作业范围内可能触及的所有带电体和接地体进行绝缘遮蔽，见图3－17。

图3－17 现场操作15

（2）其余两相绝缘遮蔽按相同方法进行。三相熔断器遮蔽顺序应先两边相、再中间相，换相作业应得到监护人的许可，见图 3－18。

图 3－18 现场操作 16

4. 断分支线路引流线

（1）斗内电工调整工作斗至近边相合适位置，使用绝缘锁杆锁住引线端头，然后拆除线夹，见图 3－19。

图 3－19 现场操作 17

（2）斗内电工调整工作位置后，用绝缘锁杆将上引线线头脱离主导线，妥善固定。恢复主导线绝缘遮蔽，见图 3－20。

图 3－20　现场操作 18

（3）其余两相熔断器上引线拆除方法同上。三相引线的拆除顺序应先两边相、再中间相，见图 3－21。

图 3－21　现场操作 19

（4）如导线为绝缘导线，引线拆除后应恢复导线的绝缘，见图 3－22。

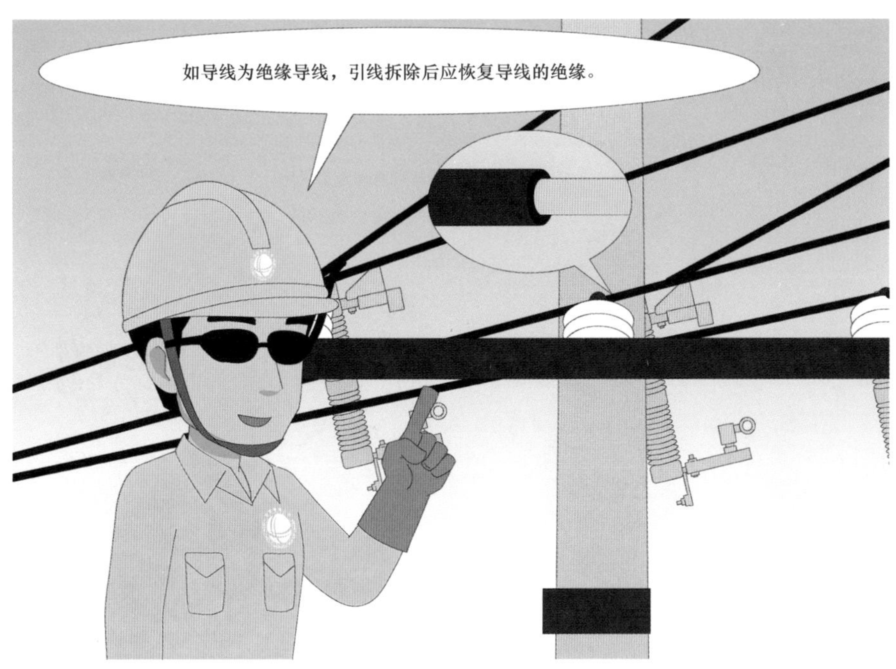

图 3－22　现场操作 20

（5）工作完毕后，按照“从远到近、从上到下、先接地体后带电体”的原则拆除绝缘遮蔽，绝缘斗退出带电工作区域，作业人员返回地面，见图 3－23。

图 3－23　现场操作 21

（三）工作终结

（1）工作负责人组织工作人员清点工器具，并清理作业现场，见图 3－24。

图 3－24　现场操作 22

（2）工作负责人对完成的工作进行全面检查，符合验收规范要求后记录在册，并召开现场收工会进行工作点评，宣布工作结束，见图 3－25。

图 3－25　现场操作 23

（3）汇报值班调控人员工作已经结束，办理工作终结手续，工作班撤离现场，见图3－26。

图3－26　现场操作24

第五节　安全注意事项

（1）严禁带负荷断引流线，断引流线前应检查并确定待断引流线确已空载，负荷侧变压器、电压互感器确已退出。

（2）带电作业应在良好天气下进行，作业前须进行风速和湿度测量。风力大于5级或湿度大于80%时，不宜带电作业。若遇雷电、雪、雹、雨、雾等不良天气，禁止带电作业。带电作业过程中若遇天气突然变化，有可能危及人身及设备安全时，应立即停止工作，撤离人员，恢复设备正常状况，或采取临时安全措施。

（3）根据Q/GDW 10520—2016《10kV配网不停电作业规范》规定，本项目一般无需停用线路重合闸。

（4）作业中，绝缘斗臂车绝缘臂的有效绝缘长度应不小于1.0m。

（5）作业中，人体应保持对地不小于0.4m、对邻相导线不小于0.6m的安全距离；

如不能确保该安全距离时，应采用绝缘遮蔽措施，遮蔽用具之间搭接的重叠部分不得小于 150mm。

（6）断分支线路引流线，空载电流应不大于 5A，大于 0.1A 时应使用专用的消弧开关。

（7）在所断线路三相引线未全部拆除前，已拆除的引线应视为有电。

（8）作业时，严禁人体同时接触两个不同的电位体；绝缘斗内双人工作时禁止两人同时接触不同的电位体。

（9）当斗臂车绝缘斗距有电线路距离较近，工作转移时应缓慢移动，动作要平稳，严禁使用快速挡；绝缘斗臂车在作业时，发动机不能熄火（电能驱动型除外），以保证液压系统处于工作状态。

（10）上、下传递工具、材料均应使用绝缘绳传递，严禁抛掷。

（11）作业过程中禁止摘下绝缘防护用具。

第六节　危险点分析及预控措施

（1）设备不符合作业条件，带负荷断引线。

工作当日到达现场进行复勘时，工作负责人应与运维单位人员共同检查并确认引流线后端所有断路器、隔离开关确已断开，电压互感器、变压器等已退出。

（2）断引线方式的选择应用与支接线路空载电流大小不适应，弧光伤人。

1）在签发工作票前，应根据现场勘察记录估算支接线路空载电流以判断作业的安全性。编制现场标准化作业指导书时，应根据估算数据选取合适的作业方式；

2）空载电流大于 5A 禁止断引线；

3）空载电流大于 0.1A 小于 5A，应使用带电作业消弧开关；

4）在拆引线前，应用钳形电流表测量分支线路引线电流进行验证。

（3）感应电触电。

带电断引线时已断开相的引线，应在采取防感应电措施后方可触及。

（4）作业空间狭小，人体串入电路而触电。

1）有效控制引线；

2）作业中，应防止人体串入已断开的引线和主线之间；

3）断引线的正确顺序为“先两边相，再中间相”或“由近及远”；

4）对作业范围内可能触及的所有带电体和接地体进行绝缘遮蔽。

第七节 作 业 指 导 书

绝缘手套作业法带电断分支线路引流线作业指导书

编写：____________ ________年______月______日

审核：____________ ________年______月______日

批准：____________ ________年______月______日

作业负责人：______________________________________

作业日期：______年____月____日______时至______年____月____日____时

（一）适用范围

本作业指导书适用于绝缘手套作业法带电断分支线路引流线项目实际操作。

（二）引用文件

GB/T 14286　带电作业工具设备术语

GB/T 18857　配电线路带电作业技术导则

DL/T 976　带电作业工具、装置和设备预防性试验规程

Q/GDW 10520—2016　10kV配网不停电作业规范

国家电网安质〔2014〕265号　国家电网公司电力安全工作规程（配电部分）

（三）作业前准备

1. 作业分工（见表3-3）

表3-3　作业分工

序号	作业分工	作业人员
1	工作负责人（监护人）	
2	1号斗内电工	
3	2号斗内电工	
4	地面电工	

2. 准备工作安排（见表3-4）

表3-4　准备工作安排

序号	内容	标准	负责人	备注
1	现场勘察	根据工作任务要求，进行现场勘察并确定作业位置		
2	组织现场作业人员学习标准化作业指导书	掌握绝缘手套作业法带电断分支线路引流线的整个操作程序，理解工作任务、质量标准及操作中的危险点及控制措施		
3	开工前“三交三查”	（1）“三交”主要内容：任务交底、安全交底、技术交底。 （2）“三查”主要内容：检查人员的着装、身体状况和工器具的准备情况		

3. 工器具和仪器仪表（见表3-5）

表3-5 工器具和仪器仪表

序号	工器具名称		型号/规格	单位	数量	备注
1	特种车辆	绝缘斗臂车		辆	1	
2	个人防护用具	绝缘安全帽	10kV	顶	2	
3		绝缘手套	10kV	双	2	戴防护手套
4		绝缘服	10kV	件	2	
5		全身式安全带		副	2	
6		护目镜		副	2	
7		普通安全帽		顶	4	
8	绝缘遮蔽用具	导线遮蔽罩	10kV，1.5m	根	若干	
9		引线遮蔽罩	10kV，0.6m	根	若干	
10		绝缘毯	10kV	块	若干	
11		绝缘毯夹	10kV	只	若干	
12	绝缘工器具	绝缘绳	ϕ12mm，15m	根	1	
13		绝缘操作杆	1.4m	根	1	
14	其他主要工器具及仪器仪表	高压验电器	10kV	支	1	
15		绝缘电阻测试仪	2500V 及以上	只	1	
16		风速仪		只	1	
17		温、湿度计		只	1	
18		对讲机		套	1	
19		防潮苫布	3m×3m	块	1	
20		安全围栏		副	若干	
21		标示牌	“从此进出！”	块	1	
22		标示牌	“在此工作！”	块	2	
23		标示牌	“前方施工，车辆慢行”	块	2	
24	材料和备品、备件	干燥清洁布		块	若干	

4. 危险点分析及预防控制措施（见表3-6）

表3-6 危险点分析及预防控制措施

序号	危险点	预防控制措施	完成情况
1	带负荷断分支线路引线	工作当日到达现场进行复勘时，工作负责人应与运维单位人员共同检查并确认引流线后端所有断路器、隔离开关、跌落式熔断器确已断开，负荷侧开关确已断开，电压互感器、变压器等已退出	
2	弧光伤人	空载电流大于5A禁止断引流线；空载电流大于0.1A小于5A，应使用带电作业消弧开关	
3	感应电触电	应将已断开相引流线应视为有电，控制作业幅度保持足够距离，在采取防感应电措施后方可触及	
4	人体串入电路触电	（1）有效控制引流线。 （2）作业中，应防止人体串入已断开的引流线和主线之间。 （3）断引流线的正确顺序为“先两边相，再中间相”或“由近及远”。 （4）对作业范围内可能触及的所有带电体和接地体进行绝缘遮蔽	
5	高处坠物伤人	（1）斗内人员必须戴好绝缘安全帽。 （2）电杆上作业防止落物，使用工器具、材料等放在工具袋内，工器具、材料的传递要使用绝缘传递绳	

（四）安全注意事项（见表3-7）

表3-7 安全注意事项

序号	预防控制措施	完成情况
1	严禁带负荷断引流线，断引流线前应检查并确定待断引流线确已空载，负荷侧变压器、电压互感器确已退出	
2	不停带电作业应在良好天气下进行，风力大于5级或湿度大于80%时，不宜带电作业。若遇雷电、雪、雹、雨、雾等不良天气，禁止带电作业。带电作业过程中若遇天气突然变化，有可能危及人身及设备安全时，应立即停止工作，撤离人员，恢复设备正常状况，或采取临时安全措施	
3	根据Q/GDW 10520—2016《10kV配网不停电作业规范》规定，本项目一般无须停用线路重合闸	
4	作业中，绝缘斗臂车绝缘臂的有效绝缘长度应不小于1.0m	
5	作业中，人体应保持对地不小于0.4m、对邻相导线不小于0.6m的安全距离；如不能确保该安全距离时，应采用绝缘遮蔽措施，遮蔽用具之间的重叠部分不得小于150mm	
6	断分支线路引流线、耐张杆引流线，空载电流应不大于5A，大于0.1A时应使用专用的消弧开关	
7	在所断线路三相引流线未全部拆除前，已拆除的引流线应视为有电	
8	作业时，严禁人体同时接触两个不同的电位体；绝缘斗内双人工作时禁止两人接触不同的电位体	
9	当斗臂车绝缘斗距有电线路距离较近，工作转移时，应缓慢移动，动作要平稳，严禁使用快速挡；绝缘斗臂车在作业时，发动机不能熄火（电能驱动型除外），以保证液压系统处于工作状态	
10	上、下传递工具、材料均应使用绝缘绳传递，严禁抛掷	
11	作业过程中禁止摘下绝缘防护用具	

（五）作业程序与规范（见表 3－8）

表 3－8 作业程序与规范

序号	作业内容	作业步骤及标准	安全措施及注意事项	责任人
1	现场复勘	工作负责人核对工作线路双重名称、杆号		
		工作负责人检查环境是否符合作业要求	（1）平整结实。 （2）地面倾斜度不大于 7°	
		工作负责人检查线路装置是否具备带电作业条件	作业电杆杆根、埋深、杆身质量满足要求	
		工作负责人检查气象条件	（1）天气应晴好，无雷、雨、雪、雾。 （2）风力不大于 5 级。 （3）空气相对湿度不大于 80%	
		工作负责人检查工作票所列安全措施，必要时在工作票上补充安全技术措施		
2	执行工作许可制度	工作负责人与工作许可人联系，并签字确认	本项目一般无须停用线路重合闸	
3	召开现场站班会	（1）站班列队。 （2）“三交”主要内容：任务交底、安全交底、技术交底。 （3）“三查”主要内容：检查人员的着装、身体状况和工器具的准备情况。 （4）作业人员清楚“三交三查”内容后签字确认。 （5）工作负责人在确定工器具完好安全、材料齐全、周围环境、天气良好的情况下允许作业人员进行作业		
4	停放绝缘斗臂车	斗臂车驾驶员将绝缘斗臂车停放到适当位置	（1）停放的位置应便于绝缘斗臂车绝缘斗到达作业位置，避开附近电力线和障碍物，并能保证作业时绝缘斗臂车的绝缘臂有效绝缘长度。 （2）停放位置坡度不大于 7°，绝缘斗臂车应顺线路停放	
		斗臂车操作人员支放绝缘斗臂车支腿	（1）不应支放在沟道盖板上。 （2）软土地面应使用垫块或枕木，垫放时垫板重叠不超过 2 块。 （3）支撑应到位，车辆前后、左右呈水平；“H”型支腿的车型，水平支腿应全部伸出；整车支腿受力，车轮离地	
		斗臂车操作人员将绝缘斗臂车可靠接地		

续表

序号	作业内容	作业步骤及标准	安全措施及注意事项	责任人
5	布置工作现场	工作负责人组织班组成员设置工作现场的安全围栏、安全警示标志	（1）安全围栏的范围应考虑作业中高空坠落和高空落物的影响以及道路交通，必要时联系交通部门。 （2）围栏的出入口应设置合理。 警示标示应包括“从此进出”“施工现场”等，道路两侧应有“车辆慢行”或“车辆绕行”标示或路障	
		班组成员按要求将绝缘工器具放在防潮苫布上	（1）防潮苫布应清洁、干燥。 （2）工器具应按定置管理要求分类摆放。 （3）绝缘工器具不能与金属工具、材料混放	
6	工作负责人组织班组成员检查工器具	班组成员逐件对绝缘工器具进行外观检查	（1）检查人员应戴清洁、干燥的手套。 （2）绝缘工具表面不应磨损、变形损坏，操作应灵活。 （3）个人安全防护用具和遮蔽、隔离用具应无针孔、砂眼、裂纹。 （4）检查斗内专用绝缘全身式安全带外观，并作冲击试验	
		班组成员使用绝缘电阻测试仪分段检测绝缘工具的表面绝缘电阻值	（1）测量电极应符合规程要求（极宽 2cm、极间距 2cm）。 （2）正确使用（自检、测量）绝缘电阻测试仪，应采用点测的方法，不应使电极在绝缘工具表面滑动，避免刮伤绝缘工具表面。 （3）绝缘电阻值不得低于 700MΩ	
		绝缘工器具检查完毕，向工作负责人汇报检查结果		
7	检查绝缘斗臂车	斗内电工检查绝缘斗臂车表面状况	绝缘斗、绝缘臂应清洁、无裂纹损伤	
		斗内 2 号电工试操作绝缘斗臂车	（1）试操作应空斗进行。 （2）试操作应充分，有回转、升降、伸缩的过程。确认液压、机械、电气系统正常可靠、制动装置可靠	
		绝缘斗臂车检查和试操作完毕，斗内 2 号电工向工作负责人汇报检查结果		
8	斗内电工进入绝缘斗臂车绝缘斗	斗内电工穿戴好全套的个人安全防护用具	（1）个人安全防护用具包括绝缘帽、绝缘服、绝缘裤、绝缘手套（带防穿刺手套）、绝缘鞋（套鞋）等。 （2）工作负责人应检查斗内电工个人防护用具的穿戴是否正确	
		斗内电工携带工器具进入绝缘斗	（1）工器具应分类放置工具袋中。 （2）工器具的金属部分不准超出绝缘斗沿面。 （3）工具和人员重量不得超过绝缘斗额定载荷	
		斗内电工将斗内专用全身式安全带系挂在斗内专用挂钩上		

续表

序号	作业内容	作业步骤及标准	安全措施及注意事项	责任人
9	进入带电作业区域	斗内 2 号电工经工作负责人许可后，操作绝缘斗臂车，绝缘斗移动应平稳匀速进入带电作业区域	（1）应无大幅晃动现象。 （2）绝缘斗下降、上升的速度不应超过 0.5m/s。 （3）绝缘斗边沿的最大线速度不应超过 0.5m/s。 （4）转移绝缘斗时应注意绝缘斗臂车周围杆塔、线路等情况，绝缘臂的金属部位与带电体和地电位物体的距离大于 1.0m。 （5）进入带电作业区域作业后，绝缘斗臂车绝缘臂的有效绝缘长度不应小于 1.0m	
10	验电	斗内 2 号电工转移绝缘斗至合适工作位置，获得工作负责人的许可后，斗内 1 号电工按照“导线–绝缘子–横担–导线”的顺序进行验电，确认无漏电现象；检测待断开的分支线路确已空载（空载电流＜5A），符合拆除条件	（1）验电时应使用绝缘手套。 （2）应先对高压验电器进行自检，并用工频高压发生器检测高压验电器是否良好。 （3）斗内电工与带电体间保持足够的安全距离（大于 0.4m），验电器绝缘杆的有效绝缘长度应大于 0.7m	
11	设置绝缘遮蔽隔离措施	获得工作负责人的许可后，斗内 2 号电工转移绝缘斗至合适工作位置，斗内 1 号电工按照“从近到远、从下到上、先带电体后接地体”，以及“先两边相、再中间相” 的原则对作业中可能触及的部位进行绝缘遮蔽隔离	（1）斗内 1 号电工动作应轻缓并保持足够安全距离（相对地 0.4m，相间 0.6m）。 （2）绝缘遮蔽隔离措施应严密、牢固，绝缘遮蔽组合的重叠部分不得小于 15cm。 （3）斗内电工转移作业相应获得工作负责人的许可	
12	断分支线路引流线	获得工作负责人的许可后，斗内 2 号电工转移绝缘斗至近边相主导线外侧合适的工作位置，斗内 1 号电工拆除引流线。拆除方法如下： （1）移开主导线上搭接引线部位的绝缘遮蔽隔离措施。 （2）用装有双沟线夹的绝缘操作杆同时锁住引线端头和主导线。 （3）拆除并沟线夹。 （4）斗内 2 号电工调整绝缘斗至分支线路接线板的合适工作位置后，斗内 1 号电工用绝缘操作杆将引线脱离主导线，并圈好。最后将引流线从分支线路接线柱上拆除	（1）禁止作业人员串入电路。 （2）作业人员应尽量避免牵住引线的同时移位绝缘斗。 （3）防止高空落物	
		斗内 2 号电工转移绝缘斗至近边相主导线合适的工作位置，斗内 1 号电工恢复完善主导线上的绝缘遮蔽隔离措施；并做好防止断开引流线摆动的措施	绝缘遮蔽隔离措施应严密、牢固，绝缘遮蔽组合的重叠部分不得小于 15cm	
		按照“先两边相、再中间相”的顺序拆除三相引流线，方法相同；如导线为绝缘线，引线拆除后应及时恢复导线的绝缘及密封		

续表

序号	作业内容	作业步骤及标准	安全措施及注意事项	责任人
13	拆除绝缘遮蔽措施	获得工作负责人的许可后，斗内 2 号电工转移绝缘斗至合适作业位置，斗内 1 号电工按照“从远到近、从上到下、先接地体后带电体”的原则，以及“先中间相、再两边相”的顺序（与遮蔽相反），依次拆除绝缘遮蔽隔离措施		
14	工作验收	斗内电工撤出带电作业区域	（1）应无大幅晃动现象。 （2）绝缘斗下降、上升的速度不应超过 0.5m/s。 （3）绝缘斗边沿的最大线速度不应超过 0.5m/s	
		斗内电工检查施工质量	（1）杆上无遗漏物。 （2）装置无缺陷符合运行条件。 （3）向工作负责人汇报施工质量	
15	撤离杆塔	下降绝缘斗返回地面、收回绝缘臂时应注意绝缘斗臂车周围杆塔、线路等情况		
16	工作负责人组织班组成员清理工具和现场	绝缘斗臂车各部件复位，收回绝缘斗臂车支腿		
		工作负责人组织班组成员整理工具、材料。将工器具清洁后放入专用的箱（袋）中。清理现场，做到“工完、料尽、场地清”		
17	工作负责人召开收工会	工作负责人组织召开现场收工会，作工作总结和点评工作	（1）正确点评本项工作的施工质量。 （2）点评班组成员在作业中的安全措施的落实情况。 （3）点评班组成员对规程的执行情况	
18	办理工作终结手续	工作负责人向工作许可人汇报工作结束，并终结工作		

（六）报告及记录

1. 作业总结（见表 3-9）

表 3-9　　作 业 总 结

序号	内容	
1	作业情况评价	
2	存在问题及处理意见	

2. 消缺记录（见表 3-10）

表 3-10　　消 缺 记 录

序号	消缺内容	消缺人

3. 指导书执行情况评估（见表 3-11）

表 3-11　　指导书执行情况评估

<table>
<tr><td rowspan="4">评估内容</td><td rowspan="2">符合性</td><td>优</td><td></td><td>可操作项</td><td></td></tr>
<tr><td>良</td><td></td><td>不可操作项</td><td></td></tr>
<tr><td rowspan="2">可操作性</td><td>优</td><td></td><td>修改项</td><td></td></tr>
<tr><td>良</td><td></td><td>遗漏项</td><td></td></tr>
<tr><td>存在问题</td><td colspan="5"></td></tr>
<tr><td>改进意见</td><td colspan="5"></td></tr>
</table>

第四章

绝缘手套作业法带电接分支线路引流线

第一节 项 目 类 别

根据 Q/GDW 10520—2016《10kV 配网不停电作业规范》中“项目分类”的划分，本项目为第二类绝缘手套作业法，填写《配电带电作业工作票》，适用于10kV架空线路带电接分支线路引流线工作见图 4－1。

图 4－1 现场操作

第二节 人员要求及分工

根据 GB/T 18857—2019《配电线路带电作业技术导则》，本项目人员要求及分工见表 4–1。

表 4–1 人员要求及分工

序号	人员	数量	职责分工
1	工作负责人（监护人）	1 人	负责组织、指挥作业，作业中全程监护，布置和落实安全措施
2	斗内电工	2 人	负责斗内作业
3	地面电工	1 人	负责地面配合作业

第三节 主要工器具

根据 Q/GDW 10520—2016《10kV 配网不停电作业规范》，本项目主要工器具配备一览表见表 4–2。

表 4–2 主要工器具配备一览表

序号	工器具名称		型号/规格	单位	数量	备注
1	特种车辆	绝缘斗臂车		辆	1	
2	个人防护用具	绝缘安全帽	10kV	顶	2	
3		绝缘手套	10kV	双	2	含防护手套
4		绝缘服	10kV	套	2	
5		全身式安全带		副	2	
6		护目镜		副	2	
7		普通安全帽		顶	4	
8	绝缘遮蔽用具	导线遮蔽罩	10kV，1.5m	根	若干	
9		引线遮蔽罩	10kV，0.6m	根	若干	
10		绝缘毯	10kV	块	若干	
11		绝缘毯夹	10kV	只	若干	

续表

序号	工器具名称		型号/规格	单位	数量	备注
12	绝缘工器具	绝缘绳	ϕ12mm，15m	根	1	
13		绝缘操作杆	1.4m	根	1	
14	其他主要工器具及仪器仪表	高压验电器	10kV	支	1	
15		绝缘电阻测试仪	2500V 及以上	台	1	
16		风速仪		块	1	
17		温、湿度计		只	1	
18		对讲机		套	1	
19		防潮苫布	3m×3m	块	1	
20		安全围栏		副	若干	
21		标示牌	“从此进出！”	块	1	
22		标示牌	“在此工作！”	块	2	
23		标示牌	“前方施工，减速慢行”	块	2	
24	材料和备品、备件	干燥清洁布		块	若干	
25		并沟线夹		只	6	
26		导线		m	8	

工器具展示（部分）（见图 4–2）

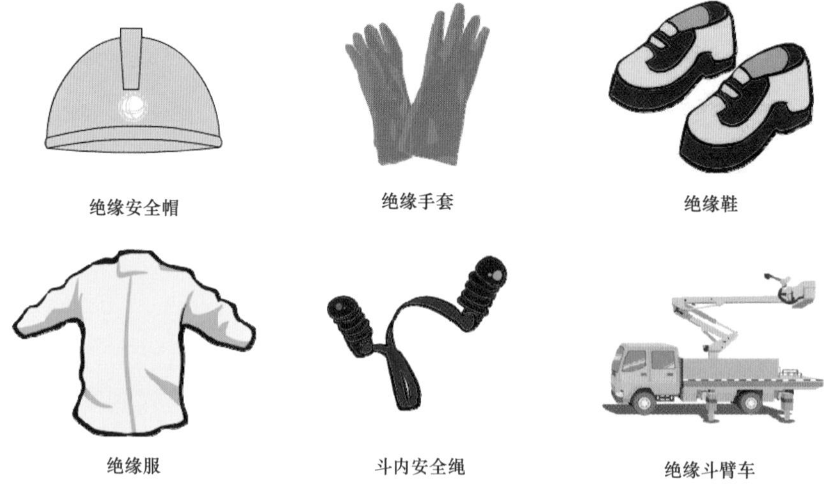

图 4–2 主要工器具（一）

全身式安全带　导线遮蔽罩　绝缘毯

引线遮蔽罩　绝缘电阻测试仪　风速仪

绝缘测距杆　护目镜　安全围栏

防潮苫布

图 4-2 主要工器具（二）

第四节 作 业 步 骤

（一）作业前的准备

1. 现场复勘

（1）工作负责人核对线路名称、杆号，见图 4-3。

图 4-3 现场操作 1

（2）工作负责人确认待接引流线后端无负荷，负荷侧变压器、电压互感器确已退出，熔断器确已断开，熔管已取下，待接引流线确已空载，检查作业装置和现场环境符合带电作业条件，见图 4-4。

图 4-4 现场操作 2

（3）工作负责人检查气象条件，见图 4－5。

图 4－5 现场操作 3

（4）斗内电工检查电杆根部、基础、埋深和拉线是否牢固，见图 4－6。

图 4－6 现场操作 4

2. 工作负责人履行工作许可制度

工作负责人按配电带电作业工作票内容与值班调控人员或运维人员联系，履行工作许可手续，见图4－7。

图4－7 现场操作5

3. 布置工作现场

（1）绝缘斗臂车停到合适位置，并可靠接地，见图4－8。

图4－8 现场操作6

（2）根据道路情况设置安全围栏、警告标志或路障，见图 4-9。

图 4-9　现场操作 7

4. 现场站班会

（1）工作负责人对工作班成员进行工作任务、安全措施交底和危险点告知，确认每一个工作班成员都已签名，见图 4-10。

图 4-10　现场操作 8

（2）工作负责人检查工作班成员精神状态是否良好，人员变动是否合适，见图 4－11。

图 4－11 现场操作 9

5. 工器具和材料检查

（1）整理材料，检查绝缘工器具，使用绝缘电阻测试仪分段检测绝缘电阻，绝缘电阻值不低于 700MΩ，见图 4－12。

图 4－12 现场操作 10

（2）查看绝缘臂、绝缘斗良好，试操作斗臂车，见图 4－13。

图 4－13　现场操作 11

（二）现场作业

1. 到达作业位置

（1）斗内电工穿戴好绝缘防护用具，进入绝缘斗，挂好安全带保险钩，见图 4－14。

图 4－14　现场操作 12

（2）绝缘斗操作人员操作绝缘斗到达工作位置，见图4－15。

图4－15　现场操作13

2. 验电

斗内电工将绝缘斗调整至适当位置，使用验电器依次对导线、绝缘子、横担进行验电，确认无漏电现象，见图4－16。

图4－16　现场操作14

3. 设置三相绝缘遮蔽措施

（1）斗内电工将绝缘斗调整至近边相导线外侧适当位置，按照“从近到远、从下到上、先带电体后接地体”的遮蔽原则对作业范围内可能触及的所有带电体和接地体进行绝缘遮蔽，见图4-17。

图4-17 现场操作15

（2）其余两相绝缘遮蔽按相同方法进行，三相熔断器遮蔽顺序应先两边相、再中间相，见图4-18。

图4-18 现场操作16

4. 接分支线路引线

（1）斗内电工将绝缘斗调整至熔断器横担下方，并与有电线路保持0.4m以上安全距离，用绝缘测量杆测量三相引线长度，根据长度做好接引的准备工作，见图4－19。

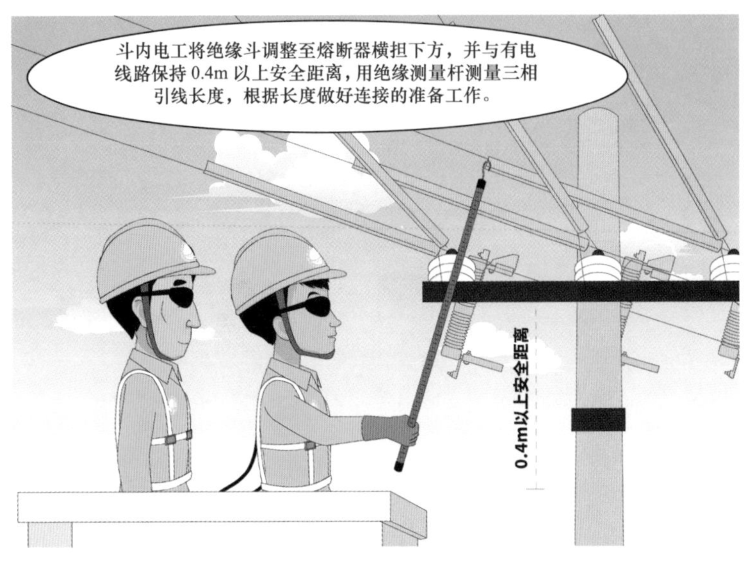

图4－19 现场操作17

（2）斗内电工将绝缘斗调整到中相导线下侧适当位置，使用清扫刷清除连接处导线上的氧化层；如导线为绝缘线，应先剥除绝缘外皮再进行清除连接处导线上的氧化层，见图4－20。

图4－20 现场操作18

（3）斗内电工安装连接线夹，连接牢固后，恢复连接线夹处的绝缘及密封，并迅速恢复绝缘遮蔽，见图 4－21。

图 4－21 现场操作 19

（4）其余两相熔断器上引线安装方法同上。三相引线的安装顺序可按由复杂到简单、先难后易的原则进行，先中间相、后远边相，最后近边相，也可视现场实际情况从远到近依次进行，见图 4－22。

图 4－22 现场操作 20

（5）工作结束后，按照“从远到近、从上到下、先接地体后带电体”的原则拆除绝缘遮蔽，绝缘斗退出带电工作区域，作业人员返回地面，见图 4－23。

图 4－23 现场操作 21

（三）工作终结

1. 工作负责人组织工作人员清点工器具，并清理施工现场（见图 4－24）

图 4－24 现场操作 22

2. 工作负责人对完成的工作进行全面检查，符合验收规范要求后，记录在册并召开现场收工会进行工作点评后，宣布工作结束（见图 4–25）

图 4–25　现场操作 23

3. 汇报值班调控人员或运维人员工作已经结束，办理工作终结手续，工作班撤离现场（见图 4–26）

图 4–26　现场操作 24

第五节　安全注意事项

（1）严禁带负荷接引流线，接引流线前应检查并确认所接分支线路或配电变压器绝缘良好无误，相位正确无误，线路上确无人工作。

（2）带电作业应在良好天气下进行，风力大于 5 级或湿度大于 80%时，不宜带电作业。若遇雷电、雪、雹、雨、雾等不良天气，禁止带电作业。带电作业过程中若遇天气突然变化，有可能危及人身及设备安全时，应立即停止工作，撤离人员，恢复设备正常状况，或采取临时安全措施。

（3）根据 Q/GDW 10520—2016《10kV 配网不停电作业规范》规定，本项目一般无须停用线路重合闸。

（4）作业中，绝缘斗臂车绝缘臂的有效绝缘长度应不小于 1.0m，绝缘操作杆有效绝缘距离应不小于 0.7m。

（5）作业中，人体应保持对地不小于 0.4m、对邻相导线不小于 0.6m 的安全距离；如不能确保该安全距离时，应采用绝缘遮蔽措施，遮蔽用具之间的重叠部分不得小于 150mm。

（6）接分支线路引流线，空载电流大于 5A 禁止断引线；空载电流大于 0.1A 小于 5A，应使用带电作业消弧开关。

（7）作业时，严禁人体同时接触两个不同的电位体；绝缘斗内双人工作时禁止两人同时接触不同的电位体。

（8）待接引流线如为绝缘线，剥皮长度应比接续线夹长 2cm，且端头应有防止松散的措施。

（9）斗臂车绝缘斗在有电工作区域转移时，应缓慢移动，动作要平稳，严禁使用快速挡；绝缘斗臂车在作业时，发动机不能熄火（电能驱动型除外），以保证液压系统处于工作状态。

（10）上、下传递工具、材料均应使用绝缘绳传递，严禁抛掷。

（11）作业过程中禁止摘下绝缘防护用具。

第六节 危险点分析及预控措施

1. 装置不符合作业条件，带负荷或空载电流超限接引线

（1）工作当日到达现场进行复勘时，工作负责人应与运维单位人员共同检查并确认引线后端所有断路器（开关）、隔离开关（刀闸）确已断开，电压互感器、变压器等已退出。

（2）空载电流大于 5A 禁止接引线；空载电流大于 0.1A 小于 5A，应使用带电作业消弧开关。

2. 感应电触电

应将已断开相引线应视为有电，控制作业幅度保持足够距离，在采取防感应电措施后方可触及。

3. 作业中引线失去控制引发接地短路或相间短路事故

（1）作业中有效控制引线，防止人体串入已断开的引线和干线之间；

（2）接引线的正确顺序为“先中间相，再两边相”或“由远及近”；

（3）对作业范围内可能触及的所有带电体和接地体进行绝缘遮蔽。

第七节 作业指导书

绝缘手套作业法带电接分支线路引流线作业指导书

编写：____________ ________年______月______日

审核：____________ ________年______月______日

批准：____________ ________年______月______日

作业负责人：______________________________________

作业日期：______年____月____日______时至______年____月____日____时

（一）适用范围

本作业指导书适用于绝缘手套作业法带电接分支线路引流线项目实际操作。

（二）引用文件

GB/T 14286 带电作业工具设备术语

GB/T 18857 配电线路带电作业技术导则

DL/T 976 带电作业工具、装置和设备预防性试验规程

Q/GDW 10520—2016 10kV 配网不停电作业规范

国家电网安质〔2014〕265 号 国家电网公司电力安全工作规程（配电部分）

（三）作业前准备

1. 作业分工（见表 4–3）

表 4–3 作业分工

序号	作业分工	作业人员
1	工作负责人（监护人）	
2	1 号斗内电工	
3	2 号斗内电工	
4	地面电工	

2. 准备工作安排（见表 4–4）

表 4–4 准备工作安排

序号	内容	标准	负责人	备注
1	现场勘查	线路装置满足作业项目要求		
2	安全卡、标准化作业指导书等资料准备	满足现场作业的要求		
3	作业工器具准备	满足作业项目工器具的配置要求		
4	组织现场作业人员学习标准化作业指导书	掌握整个操作程序，理解工作任务、质量标准及操作中的危险点及控制措施		
5	开工前“三交三查”	（1）“三交”主要内容：任务交底、安全交底、技术交底。 （2）“三查”主要内容：检查人员的着装、身体状况和工器具的准备情况		

3. 工器具和仪器仪表（见表 4–5）

表 4–5　　工器具和仪器仪表

序号	工器具名称		型号/规格	单位	数量	备注
1	特种车辆	绝缘斗臂车		辆	1	
2	个人防护用具	绝缘安全帽	10kV	顶	2	
3		绝缘手套	10kV	双	2	
4		绝缘服	10kV	件	2	
5		全身式安全带		副	2	
6		护目镜		副	2	
7		普通安全帽		顶	4	
8	绝缘遮蔽用具	导线遮蔽罩	10kV，1.5m	根	若干	
9		引线遮蔽罩	10kV，0.6m	根	若干	
10		绝缘毯	10kV	块	若干	
11		绝缘毯夹	10kV	只	若干	
12	绝缘工器具	绝缘绳	ϕ12mm，15m	根	1	
13		绝缘操作杆	1.4m	根	1	
14	其他主要工器具及仪器仪表	高压验电器	10kV	支	1	
15		绝缘电阻测试仪	2500V 及以上	只	1	
16		风速仪		只	1	
17		温、湿度计		只	1	
18		对讲机		套	1	
19		防潮苫布	3m×3m	块	1	
20		安全围栏		副	若干	
21		标示牌	“从此进出！”	块	1	
22		标示牌	“在此工作！”	块	2	
23		标示牌	“前方施工，车辆绕行”	块	2	
24	材料和备品、备件	干燥清洁布		块	若干	
25		并沟线夹		只	6	
26		绝缘导线		m	8	

4. 危险点分析及预防控制措施（见表 4–6）

表 4–6　　危险点分析及预防控制措施

序号	危险点	预防控制措施
1	带负荷接支接线路引线	工作当日到达现场进行复勘时，工作负责人应与运维单位人员共同检查并确认引线后端所有断路器、隔离开关确已断开负荷侧开关确已断开，电压互感器、变压器等已退出
2	弧光伤人	空载电流大于 5A 禁止断引线；空载电流大于 0.1A 小于 5A，应使用带电作业消弧开关

续表

序号	危险点	预防控制措施
3	感应电触电	应将已断开相引线应视为有电，控制作业幅度保持足够距离，在采取防感应电措施后方可触及
4	人体串入电路而触电	（1）有效控制引线。 （2）作业中，应防止人体串入已断开的引线和干线之间。 （3）接引线的正确顺序为“先两边相，再中间相”或“由近及远”。 （4）对作业范围内可能触及的所有带电体和接地体进行绝缘遮蔽
5	高处坠物伤人	（1）斗内人员必须戴好绝缘安全帽。 （2）电杆上作业防止落物，使用工器具、材料等放在工具袋内，工器具、材料的传递要使用绝缘传递绳

（四）安全注意事项（见表 4-7）

表 4-7 安全注意事项

序号	预防控制措施
1	严禁带负荷接引流线，接引流线前应检查并确定待接引流线确已空载，负荷侧变压器、电压互感器确已退出
2	带电作业应在良好天气下进行，风力大于 5 级或湿度大于 80%时，不宜带电作业。若遇雷电、雪、雹、雨、雾等不良天气，禁止带电作业。带电作业过程中若遇天气突然变化，有可能危及人身及设备安全时，应立即停止工作，撤离人员，恢复设备正常状况，或采取临时安全措施
3	根据 Q/GDW 10520—2016《10kV 配网不停电作业规范》规定，本项目一般无须停用线路重合闸
4	作业中，绝缘斗臂车绝缘臂的有效绝缘长度应不小于 1.0m
5	作业中，人体应保持对地不小于 0.4m、对邻相导线不小于 0.6m 的安全距离；如不能确保该安全距离时，应采用绝缘遮蔽措施，遮蔽用具之间的重叠部分不得小于 150mm
6	作业时，严禁人体同时接触两个不同的电位体；绝缘斗内双人工作时禁止两人同时接触不同的电位体
7	当斗臂车绝缘斗距有电线路距离较近，工作转移时，应缓慢移动，动作要平稳，严禁使用快速挡；绝缘斗臂车在作业时，发动机不能熄火（电能驱动型除外），以保证液压系统处于工作状态
8	上、下传递工具、材料均应使用绝缘绳传递，严禁抛掷
9	作业过程中禁止摘下绝缘防护用具

（五）作业程序与规范（见表 4-8）

表 4-8 作业程序与规范

序号	作业内容	作业步骤及标准	安全措施及注意事项	责任人
1	现场复勘	工作负责人核对工作线路双重名称、杆号		
		工作负责人检查环境是否符合作业要求	（1）平整结实。 （2）地面倾斜度不大于 7°	
		工作负责人检查线路装置是否具备带电作业条件	作业电杆杆根、埋深、杆身质量应满足要求	

续表

序号	作业内容	作业步骤及标准	安全措施及注意事项	责任人
1	现场复勘	工作负责人检查气象条件	（1）天气应晴好，无雷、雨、雪、雾。 （2）风力不大于5级。 （3）空气相对湿度不大于80%	
		工作负责人检查工作票所列安全措施，必要时在工作票上补充安全技术措施		
2	执行工作许可制度	工作负责人与调度联系	本项目一般无须停用线路重合闸	
		工作负责人在工作票上签字		
3	召开现场会议，对作业人员进行“三交三查”	工作负责人宣读工作票		
		工作负责人向作业人员交代工作任务并进行人员分工、交代工作中的安全措施和技术措施		
		工作负责人检查作业人员精神状态是否良好、着装是否符合要求、对工作任务分工、安全措施和技术措施是否明确		
		班组各成员在工作票和作业指导书上签名确认		
4	停放绝缘斗臂车	斗臂车驾驶员将绝缘斗臂车位置停放到适当位置 斗臂车操作人员将绝缘斗臂车可靠接地	（1）停放的位置应便于绝缘斗臂车绝缘斗达到作业位置，避开附近电力线和障碍物。并能保证作业时绝缘斗臂车的绝缘臂有效绝缘长度。 （2）停放位置坡度不大于7°，绝缘斗臂车应顺线路停放。 （3）支撑应到位，车辆前后、左右呈水平；“H”型支腿的车型，水平支腿应全部伸出；整车支腿受力，车轮离地	
5	布置工作现场	工作负责人组织班组成员设置工作现场的安全围栏、安全警示标志	（1）安全围栏的范围应考虑作业中高空坠落和高空落物的影响以及道路交通，必要时联系交通部门。 （2）围栏的出入口应设置合理。 （3）警示标示应包括“从此进出”“在此工作”等，道路两侧应有“前方施工，减速慢行”标示或路障	
		班组成员按要求将绝缘工器具放在防潮苫布上	（1）防潮苫布应清洁、干燥。 （2）工器具应按定置管理要求分类摆放。 （3）绝缘工器具不能与金属工具、材料混放	
6	工作负责人组织班组成员检查工器具	班组成员逐件对绝缘工器具进行外观检查	（1）检查人员应戴清洁、干燥的手套。 （2）绝缘工具表面不应磨损、变形损坏，操作应灵活。 （3）个人安全防护用具和遮蔽、隔离用具应无针孔、砂眼、裂纹。 （4）检查斗内专用全身式安全带外观，并作冲击试验	

续表

序号	作业内容	作业步骤及标准	安全措施及注意事项	责任人
6	工作负责人组织班组成员检查工器具	班组成员使用绝缘电阻测试仪分段检测绝缘工具的表面绝缘电阻值	（1）测量电极应符合规程要求（极宽 2cm、极间距 2cm）。 （2）正确使用（自检、测量）绝缘电阻测试仪（应采用点测的方法，不应使电极在绝缘工具表面滑动，避免刮伤绝缘工具表面）。 （3）绝缘电阻值不得低于 700MΩ	
		绝缘工器具检查完毕，向工作负责人汇报检查结果		
7	检查绝缘斗臂车	斗内电工检查绝缘斗臂车表面状况	绝缘斗、绝缘臂应清洁、无裂纹损伤	
		斗内电工试操作绝缘斗臂车	（1）试操作应空斗进行。 （2）试操作应充分，有回转、升降、伸缩的过程。确认液压、机械、电气系统正常可靠、制动装置可靠	
		绝缘斗臂车检查和试操作完毕，斗内电工向工作负责人汇报检查结果		
8	斗内电工进入绝缘斗臂车绝缘斗	斗内电工穿戴好全套的个人安全防护用具：个人安全防护用具包括绝缘帽、绝缘服、绝缘裤、绝缘手套（带防穿刺手套）、绝缘鞋（套鞋）等	工作负责人应检查斗内电工个人防护用具的穿戴是否正确	
		斗内电工携带工器具进入绝缘斗	（1）工器具应分类放置工具袋中。 （2）工器具的金属部分不准超出绝缘斗沿面。 （3）工具和人员重量不得超过绝缘斗额定载荷	
		斗内电工将斗内专用全身式安全带系挂在斗内专用挂钩上		
9	进入带电作业区域	斗内电工经工作负责人许可后，操作绝缘斗臂车，进入带电作业区域，绝缘斗移动应平稳匀速	（1）应无大幅晃动现。 （2）绝缘斗下降、上升的速度不应超过 0.5m/s。 （3）绝缘斗边沿的最大线速度不应超过 0.5m/s。 （4）转移绝缘斗时应注意绝缘斗臂车周围杆塔、线路等情况，绝缘臂的金属部位与带电体和地电位物体的距离大于 0.9m。 （5）进入带电作业区域作业后，绝缘斗臂车绝缘臂的有效绝缘长度不应小于 1.0m	
10	验电	在工作负责人的监护下，斗内电工转移绝缘斗至合适工作位置，按照“导线－绝缘子－横担－导线”的顺序进行验电，确认无漏电现象；检查确认待接分支线路引线已空载且无接地情况，符合接引条件	（1）验电时应使用绝缘手套。 （2）应先对高压验电器进行自检，并用工频高压发生器检测高压验电器是否良好。 （3）斗内电工与带电体间保持足够的安全距离（大于 0.4m）。 （4）验电器绝缘杆的有效绝缘长度应大于 0.7m	
11	设置绝缘遮蔽隔离措施	获得工作负责人的许可后，斗内电工转移绝缘斗至合适工作位置，按照“从近到远、从下到上、先带电体后接地体”，以及“先两边相、再中间相”的原则对作业中可能触及的部位进行绝缘遮蔽隔离	（1）斗内电工动作应轻缓并保持足够安全距离（相对地 0.4 m，相间 0.6m）。 （2）绝缘遮蔽隔离措施应严密、牢固，绝缘遮蔽组合的重叠部分不得小于 15cm	

续表

序号	作业内容	作业步骤及标准	安全措施及注意事项	责任人
12	测距、制作三相引线	在工作负责人的监护下，斗内电工用绝缘测距杆测量三相分支线路引线长度。确定引线长度应考虑以下的影响因素： 引线的长度应从分支线路接线柱到主导线搭接部位的距离。为保证搭接引时的安全，主导线搭接部位可向装置外侧稍做调整。 应适当增加15～20cm的长度，留出引线搭接部位	斗内电工应与带电体（主导线）保持足够的安全距离（大于0.4m），绝缘测距杆的有效绝缘长度应大于0.7m	
		地面电工按照需要截断绝缘导线（引线应采用绝缘导线），剥除端部绝缘层，装好设备线夹，并圈好	每根引线端头应做好色相标志，以防混淆	
13	剥除绝缘层	杆上电工使用导线剥皮器依次剥除三相分支线路引线连接线夹搭接处主导线的绝缘层，并清除导线上的氧化层		
14	搭接中间相引线	获得工作负责人的许可后，斗内电工转移绝缘斗至中间相合适的工作位置，搭接中间相引线。搭接方法如下： （1）用导线清扫杆清除主导线上搭接引线部位的金属氧化物或脏污。 （2）用装有双沟线夹的绝缘操作杆锁住引线端头，并将其固定在主导线上。 （3）斗内电工调整绝缘斗位置，搭接引线。引线的施工工艺和质量应满足施工和验收规范的要求： 1）引线长度适宜，弧度均匀。 2）引线无散股、断股现象。 引线与地电位构件的距离应不小于20cm，相间不小于30cm。 并沟线夹垫片整齐无歪斜现象，搭接紧密。 每相引线的并沟线夹不少于2个，引线穿出线夹的长度约为2～3cm，并沟线夹之间应留出一个线夹的宽度	（1）如在内边相位置搭接中间相引线，绝缘斗不应碰住内边相导线。 （2）注意动作幅度，斗内电工与电杆、横担等地电位构件的距离应大于0.4m（为保证作业时斗内电工与电杆、横担等地电位构件之间的安全距离，引线端头宜朝向装置外侧）。禁止长期碰触周围异电位物体上的绝缘遮蔽隔离措施。 （3）禁止人体串入电路。 （4）作业人员应尽量避免牵住导线的同时移位绝缘斗。 （5）应防止高空落物	
15	搭接边相引线	按相同方法，搭接两边相引线		
16	拆除主导线绝缘遮蔽隔离措施	获得工作负责人的许可后，斗内电工转移绝缘斗至合适工作位置，按照“由远及近，从上到下，先接地体后带电体”的原则拆除绝缘遮蔽隔离措施	（1）拆除主导线绝缘遮蔽隔离措施的顺序应为：先外边相、再内边相。 （2）拆除内边相主导线上绝缘遮蔽隔离措施的顺序应为：先支持绝缘子扎线部位、再主导线。 （3）斗内电工动作应轻缓并保持足够安全距离（相对地0.4m，相间0.6m）。 （4）斗内电工转移作业相应获得工作负责人的许可	

续表

序号	作业内容	作业步骤及标准	安全措施及注意事项	责任人
17	拆除分支线路接线绝缘挡板及引线的绝缘遮蔽隔离措施	获得工作负责人的许可后，斗内电工转移绝缘斗至合适工作位置，按照“由远及近，从上到下，先接地体后带电体”的原则拆除绝缘遮蔽隔离措施	（1）拆除三相绝缘遮蔽隔离措施的顺序应为：先中间相，再两边相。 （2）拆除每相的绝缘遮蔽隔离措施的顺序宜为：先分支线路接线柱，再引线。 （3）斗内电工动作应轻缓并保持足够安全距离（相对地 0.4 m，相间 0.6m）。 （4）斗内电工转移作业相应获得工作负责人的许可	
18	工作验收	斗内电工撤出带电作业区域	（1）应无大幅晃动现象。 （2）绝缘斗下降、上升的速度不应超过 0.5m/s。 （3）绝缘斗边沿的最大线速度不应超过 0.5m/s	
		斗内电工检查施工质量	（1）杆上无遗漏物。 （2）装置无缺陷符合运行条件。 （3）向工作负责人汇报施工质量	
19	撤离杆塔	下降绝缘斗返回地面、收回绝缘臂时应注意绝缘斗臂车周围杆塔、线路等情况		
20	工作负责人组织班组成员清理工具和现场	绝缘斗臂车各部件复位，收回绝缘斗臂车支腿		
		工作负责人组织班组成员整理工具、材料。将工器具清洁后放入专用的箱（袋）中。清理现场，做到“工完、料尽、场地清”		
21	工作负责人召开收工会	工作负责人组织召开现场收工会，做工作总结和点评工作	（1）正确点评本项工作的施工质量。 （2）点评班组成员在作业中的安全措施的落实情况。 （3）点评班组成员对规程的执行情况	
22	办理工作终结手续	工作负责人向调度汇报工作结束，并终结工作票		

（六）报告及记录

1. 作业总结（见表 4－9）

表 4－9　　作业总结

序号	内容	
1	作业情况评价	
2	存在问题及处理意见	

2. 消缺记录（见表 4－10）

表 4－10 消 缺 记 录

序号	消缺内容	消缺人

3. 指导书执行情况评估（见表 4－11）

表 4－11 指导书执行情况评估

<table>
<tr><td rowspan="4">评估内容</td><td rowspan="2">符合性</td><td>优</td><td></td><td>可操作项</td><td></td></tr>
<tr><td>良</td><td></td><td>不可操作项</td><td></td></tr>
<tr><td rowspan="2">可操作性</td><td>优</td><td></td><td>修改项</td><td></td></tr>
<tr><td>良</td><td></td><td>遗漏项</td><td></td></tr>
<tr><td>存在问题</td><td colspan="5"></td></tr>
<tr><td>改进意见</td><td colspan="5"></td></tr>
</table>

第五章

绝缘手套作业法带电更换跌落式熔断器

第一节　项　目　类　别

根据 Q/GDW 10520—2016《10kV 配网不停电作业规范》中“项目分类”的划分，本项目为第二类绝缘手套作业法，填写《配电带电作业工作票》，适用于 10kV 架空线路更换跌落式熔断器工作见图 5－1。

图 5－1　现场操作

第二节 人员要求及分工

根据 GB/T 18857—2019《配电线路带电作业技术导则》，本项目人员要求及分工见表 5–1。

表 5–1 人员要求及分工

序号	人员	数量	职责分工
1	工作负责人（监护人）	1 人	负责组织、指挥作业，作业中全程监护，落实安全措施
2	斗内作业人员	2 人	负责斗内作业
3	地面电工	1 人	负责地面配合作业

第三节 主要工器具

根据 Q/GDW 10520—2016《10kV 配网不停电作业规范》，本项目主要工器具配备一览表见表 5–2。

表 5–2 主要工器具配备一览表

序号	工器具名称		型号/规格	单位	数量	备注
1	特种车辆	绝缘斗臂车		辆	1	
2	个人防护用具	绝缘安全帽	10kV	顶	2	
3		普通安全帽		顶	4	
4		绝缘手套	10kV	双	2	戴防护手套
5		绝缘服	10kV	套	2	
6		全身式安全带		副	2	
7		护目镜		副	2	
8	绝缘遮蔽用具	导线遮蔽罩	10kV，1.5m	根	若干	
9		引线遮蔽罩	10kV，0.6m	根	若干	
10		熔断器遮蔽罩	10kV	个	3	

续表

序号	工器具名称		型号/规格	单位	数量	备注
11	绝缘遮蔽用具	绝缘毯	10kV	块	若干	
12		绝缘毯夹		只	若干	
13	绝缘工器具	绝缘绳	ϕ12mm，15m	根	1	
14		绝缘锁杆	1.4m	根	1	装有双沟线夹
15		绝缘扳手		套	1	14 寸棘轮扳手等
16	其他主要工器具	高压验电器	10kV	支	1	
17		绝缘电阻测试仪	2500V 及以上	套	1	
18		风速仪		只	1	
19		温、湿度计		套	1	
20		通信系统		套	1	
21		防潮苫布	3m×3m	块	1	
22		个人常用工具		套	1	
23		安全围栏		副	若干	
24		标示牌	“从此进出！”	块	1	
25		标示牌	“在此工作！”	块	2	
26		标示牌	“前方施工，车辆慢行”	块	2	
27	材料和备品、备件	跌落式熔断器	RW－12	组	1	

工器具展示（部分）（见图 5－2）

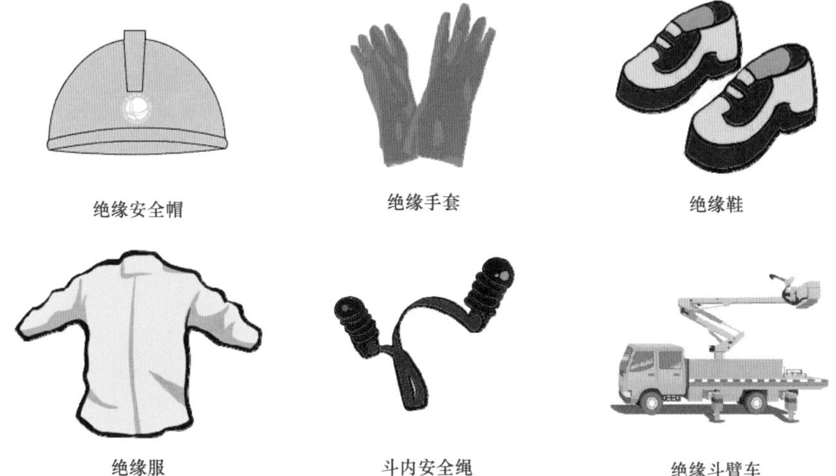

图 5–2 主要工器具（一）

全身式安全带　导线遮蔽罩　绝缘毯

绝缘操作杆　绝缘电阻测试仪　风速仪

防潮苫布　护目镜　安全围栏

绝缘绳

图 5-2　主要工器具（二）

第四节　作　业　步　骤

（一）作业前的准备

1. 现场复勘

（1）工作负责人核对线路名称、杆号，见图 5-3。

图 5-3　现场操作 1

（2）工作负责人检查气象条件，见图 5-4。

图 5-4　现场操作 2

（3）斗内电工检查电杆根部、基础、埋深和拉线是否牢固，见图 5-5。

图 5-5 现场操作 3

（4）工作负责人检查作业装置和现场环境符合带电作业条件，确认待接引流线下方无负荷，负荷侧变压器、电压互感器确已退出，跌落式熔断器确已断开，熔管已取下，待断引流线确已空载，见图 5-6。

图 5-6 现场操作 4

2. 工作负责人履行工作许可制度

工作负责人按配电带电作业工作票内容与值班调控人员或运维人员联系，办理工作许可手续，见图 5－7。

图 5－7　现场操作 5

3. 布置工作现场

（1）绝缘斗臂车停到合适位置，并可靠接地，见图 5－8。

图 5－8　现场操作 6

（2）根据道路情况设置安全围栏、警告标志或路障，见图 5-9。

图 5-9　现场操作 7

4. 现场站班会

（1）工作负责人对工作班成员进行工作任务、安全措施交底和危险点告知，确认每一个工作班成员都已签名，见图 5-10。

图 5-10　现场操作 8

（2）工作负责人检查工作班成员精神状态是否良好，人员变动是否合适，见图 5－11。

图 5－11 现场操作 9

5. 工器具和材料检查

整理材料，检查绝缘工器具，使用绝缘电阻测试仪分段检测绝缘电阻，绝缘电阻值不低于 700MΩ，并检查新跌落式熔断器绝缘电阻良好，见图 5－12。

图 5－12 现场操作 10

（二）现场作业

1. 到达作业位置

（1）斗内电工穿戴好绝缘防护用具，进入绝缘斗，挂好安全带保险钩，见图 5－13。

图 5－13 现场操作 11

（2）斗内电工将工作斗调整至适当位置，见图 5－14。

图 5－14 现场操作 12

2. 验电

斗内电工将工作斗调整至适当位置，使用验电器依次对导线、绝缘子、横担、跌落式熔断器进行验电，确认无漏电现象，见图 5－15。

图 5－15　现场操作 13

3. 设置三相绝缘遮蔽措施

（1）斗内电工将绝缘斗调整至近边相导线外侧适当位置，按照“从近到远、从下到上、先带电体后接地体”的遮蔽原则对作业范围内的所有带电体和接地体进行绝缘遮蔽，见图 5－16。

图 5－16　现场操作 14

（2）其余两相绝缘遮蔽按相同方法进行。三相熔断器遮蔽顺序应先两边相、再中间相，换相作业应得到监护人的许可，见图5－17。

图5－17　现场操作15

4. 断引流线

（1）斗内电工调整工作斗至近边相合适位置，使用绝缘锁杆锁住引线端头，以最小范围打开绝缘遮蔽，然后拆除线夹，见图5－18。

图5－18　现场操作16

（2）其余两相熔断器上引线拆除方法同上。三相熔断器上引线的拆除顺序应先两边相、再中间相，见图5－19。

图5－19　现场操作17

5. 更换跌落式熔断器

斗内电工对新安装熔断器进行分合情况检查，最后将熔断器置于拉开位置，连接好下引线，见图5－20。

图5－20　现场操作18

6. 接引流线

斗内电工调整工作位置后，恢复中相引流线与主导线的连接。跌落式熔断器三相上引线与主导线的接入顺序可按由复杂到简单、先难后易的原则进行，先中间相、后远边相、最后近边相，也可视现场实际情况从远到近依次进行，见图 5－21。

图 5－21　现场操作 19

7. 工作完成

工作结束后，按照“从远到近、从上到下、先接地体后带电体”的原则拆除绝缘遮蔽，绝缘斗退出带电工作区域，作业人员返回地面，见图 5－22。

图 5－22　现场操作 20

（三）工作终结

1. 工作负责人组织工作人员清点工器具，并清理施工现场（见图 5–23）

图 5–23　现场操作 21

2. 工作负责人对完成的工作进行全面检查，符合验收规范要求后，记录在册并召开现场收工会进行工作点评后，宣布工作结束（见图 5–24）

图 5–24　现场操作 22

3. 汇报值班调控人员工作已经结束，工作班撤离现场（见图5－25）

图5－25 现场操作23

第五节 安全注意事项

（1）带电作业应在良好天气下进行，风力大于5级或湿度大于80%时，不宜进行带电作业。若遇雷电、雪、雹、雨、雾等不良天气，禁止带电作业。带电作业过程中若遇天气突然变化，有可能危及人身及设备安全时，应立即停止工作，撤离人员，恢复设备正常状况，或采取临时安全措施。

（2）根据Q/GDW 10520—2016《10kV 配网不停电作业规范》规定，本项目需停用线路重合闸。

（3）作业中，绝缘斗臂车绝缘臂的有效绝缘长度应不小于1.0m。

（4）作业中，人体应保持对带电体0.4m以上的安全距离；如不能确保该安全距离时，应采用绝缘遮蔽措施，遮蔽用具之间的重叠部分不得小于150mm。

（5）安装绝缘遮蔽时应按照“从近到远、从下到上、先带电体后接地体”的原则依次进行，拆除时与此相反。

（6）作业过程中禁止摘下绝缘防护用具。

（7）作业人员在接触带电导线和换相作业前应得到工作监护人的许可。

（8）作业时，严禁人体同时接触两个不同的电位体；绝缘斗内双人工作时禁止两人接触不同的电位体，绝缘斗内双人工作时禁止双人同时开展不同相作业。

（9）上、下传递工具、材料均应使用绝缘绳索传递，严禁抛掷。

（10）斗臂车绝缘斗在有电工作区域转移时，应缓慢移动，动作要平稳；绝缘斗臂车作业时，发动机不能熄火（电能驱动型除外），以保证液压系统处于工作状态。

第六节　危险点分析及预控措施

1. 装置不符合作业条件，带负荷断、接引线

工作当日到达现场进行现场复勘时，工作负责人应与运维单位人员共同检查并确认跌落式熔断器确已断开，电压互感器、变压器等已退出。

2. 接引线方式的选择与支接线路空载电流大小不适应，弧光伤人

在签发工作票前，应根据现场勘察记录估算支接线路空载电流以判断作业的安全性。编制现场标准化作业指导书时，应根据估算数据选取合适的作业方式：

（1）空载电流大于 5A 时，禁止接引线。

（2）空载电流大于 0.1A 小于 5A，应使用带电作业消弧开关。

3. 其他

上下传递设备、材料时，不应与电杆、绝缘斗臂车工作斗发生碰撞。

第七节 作 业 指 导 书

绝缘手套作业法带电更换跌落式熔断器作业指导书

编写：____________ ________年______月______日

审核：____________ ________年______月______日

批准：____________ ________年______月______日

作业负责人：______________________________________

作业日期：______年____月____日______时至______年____月____日____时

（一）适用范围

本作业指导书适用于绝缘手套作业法带电更换跌落式熔断器项目实际操作。

（二）引用文件

GB/T 14286　带电作业工具设备术语

GB/T 18857　配电线路带电作业技术导则

DL/T 976　带电作业工具、装置和设备预防性试验规程

Q/GDW 10520—2016　10kV 配网不停电作业规范

国家电网安质〔2014〕265 号　国家电网公司电力安全工作规程（配电部分）

（三）作业前准备

1. 作业分工（见表 5-3）

表 5-3　作业分工

序号	作业分工	作业人员
1	工作负责人（监护人）	
2	1 号斗内电工	
3	2 号斗内电工	
4	地面电工	

2. 准备工作安排（见表 5-4）

表 5-4　准备工作安排

序号	内容	标准	负责人	备注
1	现场勘查	根据任务要求，进行现场勘察并确工作方法		
2	组织现场作业人员学习标准化作业指导书	掌握绝缘手套作业法带电更换跌落式熔断器的整个操作程序，理解工作任务、质量标准及操作中的危险点及控制措施		
3	开工前“三交三查”	（1）“三交”主要内容：任务交底、安全交底、技术交底。 （2）“三查”主要内容：检查人员的着装、身体状况和工器具的准备情况		

3. 工器具和仪器仪表（见表 5－5）

表 5－5　　工器具和仪器仪表

序号	工器具名称		型号/规格	单位	数量	备注
1	特种车辆	绝缘斗臂车		辆	1	
2	个人防护用具	绝缘安全帽	10kV	顶	2	
3		普通安全帽		顶	4	
4		绝缘手套	10kV	双	2	戴防护手套
5		绝缘服	10kV	套	2	
6		全身式安全带		副	2	
7		护目镜		副	2	
8	绝缘遮蔽用具	导线遮蔽罩	10kV，1.5m	根	若干	
9		引线遮蔽罩	10kV，0.6m	根	若干	
10		熔断器遮蔽罩	10kV	个	3	
11		绝缘毯	10kV	块	若干	
12		绝缘毯夹		只	若干	
13	绝缘工器具	绝缘绳	ϕ12mm，15m	根	1	
14		绝缘锁杆	1.4m	根	1	装有双沟线夹
15		绝缘扳手		套	1	14 寸棘轮扳手等
16	其他主要工器具	高压验电器	10kV	支	1	
17		绝缘电阻测试仪	2500V 及以上	套	1	
18		风速仪		只	1	
19		温、湿度计		套	1	
20		通话系统		套	1	
21		防潮苫布	3m×3m	块	1	
22		个人常用工具		套	1	
23		安全围栏		副	若干	
24		标示牌	“从此进出！”	块	1	
25		标示牌	“在此工作！”	块	2	
26		标示牌	“前方施工，车辆慢行”	块	2	
27	材料和备品、备件	跌落式熔断器	RW－12	组	1	
28		并沟线夹		只	6	
29		引线		m	8	

4. 危险点分析及预防控制措施（见表5-6）

表5-6 危险点分析及预防控制措施

序号	危险点	预防控制措施	完成情况
1	带负荷断、接引线	工作当日到达现场进行复勘时，工作负责人应与运维单位人员共同检查并确认跌落式熔断器确已断开，电压互感器、变压器等已退出	
2	弧光伤人	空载电流大于5A禁止断引线；空载电流大于0.1A小于5A，应使用带电作业消弧开关	
3	感应电触电	应将已断开相引线应视为有电，控制作业幅度保持足够距离，在采取防感应电措　施后方可触及	
4	人体串入电路而触电	（1）有效控制引线。 （2）作业中，应防止人体串入已断开的引线和主线之间。 （3）断引线的正确顺序为“先两边相，再中间相”或“由近及远”。 （4）对作业范围内可能触及的所有带电体和接地体进行绝缘遮蔽	
5	高处坠物伤人	（1）斗内人员必须戴好绝缘安全帽。 （2）高处作业防止落物，使用工器具、材料等放在工具袋内，工器具、材料的传递要使用绝缘传递绳	

（四）安全注意事项（见表5-7）

表5-7 安 全 注 意 事 项

序号	预防控制措施	完成情况
1	作业应在良好的天气下进行，如遇雷、雨、雪、雾不得进行带电作业，风力大于5级及空气相对湿度大于80%时，不易进行带电作业	
2	斗臂车操作前应将支腿支出，车辆水平，且触地牢固，同时斗臂车接地线应可靠接地	
3	作业人员在登塔和进行带电作业时，必须设专人监护且监护人不得直接操作，监护的范围不得超过一个作业点	
4	绝缘工具使用前应检查其是否损坏、变形、失灵；摇测绝缘电阻值不小于700MΩ（电极宽2cm、极间距 2cm）；操作绝缘工具时应戴清洁、干燥的手套，防止绝缘工具在使用中脏污和受潮，收工或转移作业点时，应将绝缘绳等装在工具袋内	
5	所有工器具应定期试验，有预防性试验、检查性试验和机械试验的周期试验报告，工器具上贴有周期试验标签，以防不合格的绝缘工具、金属工具带入工作现场	

（五）作业程序与规范（见表5-8）

表5-8 作 业 程 序 与 规 范

序号	作业内容	作业步骤及标准	安全措施及注意事项	责任人
1	现场复勘	工作负责人核对工作线路双重名称、杆号		
		工作负责人检查环境是否符合作业要求	（1）平整结实。 （2）地面倾斜度不大于7°	

续表

序号	作业内容	作业步骤及标准	安全措施及注意事项	责任人
1	现场复勘	工作负责人检查线路装置是否具备带电作业条件	（1）作业电杆杆根、埋深、杆身质量满足要求。 （2）跌落式熔断器熔管已取下。 （3）跌落式熔断器负荷侧已挂好接地线，具备防倒送电的措施	
		工作负责人检查气象条件	（1）天气应晴好，无雷、雨、雪、雾。 （2）风力不大于 5 级。 （3）空气相对湿度不大于 80%	
		工作负责人检查工作票所列安全措施，必要时在工作票上补充安全技术措施		
2	执行工作许可制度	工作负责人与工作许可人联系，并签字确认	本项目需停用线路重合闸	
3	召开现场会议	（1）站班列队。 （2）“三交”主要内容：任务交底、安全交底、技术交底。 （3）“三查”主要内容：检查人员的着装身体状况和工器具的准备情况。 （4）作业人员清楚“三交三查”内容后签字确认。 （5）工作负责人在确定工器具完好无损、材料齐全、周围环境、天气良好的情况下允许作业人员开始工作		
4	停放绝缘斗臂车	斗臂车驾驶员将绝缘斗臂车位置停放到适当位置。 （1）停放的位置应便于绝缘斗臂车绝缘斗达到作业位置，避开附近电力线和障碍物。并能保证作业时绝缘斗臂车的绝缘臂有效绝缘长度。 （2）停放位置坡度不大于 7，绝缘斗臂车应顺线路停放。 斗臂车操作人员支放绝缘斗臂车支腿		
		（1）不应支放在沟道盖板上。 （2）软土地面应使用垫块或枕木，垫放时垫板重叠不超过 2 块，呈 45° 角。 （3）支撑应到位，车辆前后、左右呈水平；“H”型支腿的车型，水平支腿应全部伸出；整车支腿受力，车轮离地		
		斗臂车操作人员将绝缘斗臂车可靠接地		
5	布置工作现场	工作负责人组织班组成员设置工作现场的安全围栏、安全警示标志	（1）安全围栏的范围应考虑作业中高空坠落和高空落物的影响以及道路交通，必要时联系交通部门。 （2）围栏的出入口应设置合理。 （3）警示标示应包括“从此进出”“施工现场”等，道路两侧应有“车辆慢行”或“车辆绕行”标示或路障	

续表

序号	作业内容	作业步骤及标准	安全措施及注意事项	责任人
5	布置工作现场	班组成员按要求将绝缘工器具放在防潮苫布上	（1）防潮苫布应清洁、干燥。 （2）工器具应按定置管理要求分类摆放。 （3）绝缘工器具不能与金属工具、材料混放	
6	工作负责人组织班组成员检查工器具	班组成员逐件对绝缘工器具进行外观检查	（1）检查人员应戴清洁、干燥的手套。 （2）绝缘工具表面不应磨损、变形损坏，操作应灵活。 （3）个人安全防护用具和遮蔽、隔离用具应无针孔、砂眼、裂纹。 （4）检查斗内专用全身式安全带外观，并作冲击试验	
		班组成员使用绝缘电阻测试仪分段检测绝缘工具的表面绝缘电阻值	（1）测量电极应符合规程要求（极宽2cm、极间距2cm）。 （2）正确使用（自检、测量）绝缘电阻测试仪（应采用点测的方法，不应使电极在绝缘工具表面滑动，避免刮伤绝缘工具表面）。 （3）绝缘电阻值不得低于700MΩ	
		绝缘工器具检查完毕，向工作负责人汇报检查结果		
7	检查绝缘斗臂车	斗内电工检查绝缘斗臂车表面状况	绝缘斗、绝缘臂应清洁、无裂纹损伤	
		斗内2号电工试操作绝缘斗臂车	（1）试操作应空斗进行。 （2）试操作应充分，有回转、升降、伸缩的过程。确认液压、机械、电气系统正常可靠、制动装置可靠	
		绝缘斗臂车检查和试操作完毕，斗内2号电工向工作负责人汇报检查结果		
8	斗内电工进入绝缘斗臂车绝缘斗	斗内电工穿戴好全套的个人安全防护用具	（1）个人安全防护用具包括绝缘安全帽、绝缘服、绝缘裤、绝缘手套（带防穿刺手套）、绝缘鞋（套鞋）等。 （2）工作负责人应检查斗内电工个人防护用具的穿戴是否正确	
		斗内电工携带工器具进入绝缘斗	（1）工器具应分类放置工具袋中。 （2）工器具的金属部分不准超出绝缘斗沿面。 （3）工具和人员重量不得超过绝缘斗额定载荷	
		斗内电工将全身式安全带系挂在斗内专用挂钩上		
9	进入带电作业区域	斗内2号电工经工作负责人许可后，操作绝缘斗臂车，进入带电作业区域，绝缘斗移动应平稳匀速	（1）应无大幅晃动现象。 （2）绝缘斗下降、上升的速度不应超过0.5m/s。 （3）绝缘斗边沿的最大线速度不应超过0.5m/s。 （4）转移绝缘斗时应注意绝缘斗臂车周围杆塔、线路等情况，绝缘臂的金属部位与带电体和地电位物体的距离大于1.0m。 （5）进入带电作业区域作业后，绝缘斗臂车绝缘臂的有效绝缘长度不应小于1.0m	

续表

序号	作业内容	作业步骤及标准	安全措施及注意事项	责任人
10	验电	斗内 2 号电工转移绝缘斗至合适工作位置。 获得工作负责人的许可后，斗内 1 号电工按照“导线－绝缘子－横担－电杆”的顺序进行验电，确认无漏电现象	（1）验电时应戴绝缘手套。 （2）应先对高压验电器进行自检，并用工频高压发生器检测高压验电器是否良好。 （3）斗内电工与带电体间保持足够的安全距离（大于 0.4m），验电器绝缘杆的有效绝缘长度应大于 0.7m。 （4）验电时作业人员手持验电器的绝缘把手部分	
11	设置绝缘遮蔽隔离措施	获得工作负责人的许可后，斗内 2 号电工转移绝缘斗至跌落式熔断器合适工作位置，斗内 1 号电工按照“从近到远、从下到上、先带电体后接地体”，以及“先两边相、再中间相”的原则对作业中可能触及的部位进行绝缘遮蔽隔离	（1）三相跌落式熔断器遮蔽隔离的顺序依次为：单边相跌落式熔断器、另边相、中间相。 （2）每相的遮蔽隔离措施的部位和顺序宜为：引线、跌落式熔断器上桩头线夹处。 （3）斗内 1 号电工动作应轻缓并保持足够安全距离（相对地 0.4 m，相间 0.6m）。 （4）绝缘遮蔽隔离措施应严密、牢固，绝缘遮蔽组合的重叠距离不得小于 15cm。 （5）斗内电工转移作业相应获得工作负责人的许可	
12	断熔断器上引线	获得工作负责人的许可后，斗内 2 号电工转移绝缘斗至内边相主导线合适的工作位置，斗内 1 号电工拆除引线。拆除方法如下： （1）移开主导线上搭接引线部位的绝缘遮蔽隔离措施。 （2）用装有双沟线夹的绝缘锁杆同时锁住引线端头和主导线。 （3）拆除并沟线夹。 （4）斗内 2 号电工调整绝缘斗至跌落式熔断器上桩头线夹处的合适工作位置后，斗内 1 号电工用绝缘锁杆将引线脱离主导线，并圈好。最后将引线从跌落式熔断器上接线柱上拆除	（1）禁止作业人员串入电路。 （2）作业人员应尽量避免牵住引线的同时移位绝缘斗。 （3）防止高空落物	
		斗内 2 号电工转移绝缘斗至内边相主导线合适的工作位置，斗内 1 号电工恢复完善主导线上的绝缘遮蔽隔离措施	绝缘遮蔽隔离措施应严密、牢固，绝缘遮蔽组合的重叠部分不得小于 15cm	
		按照“先两边相、再中间相”的顺序拆除三相引线，方法相同		
13	更换三相熔断器	斗内电工调整绝缘斗至熔断器横担前方合适位置，分别断开三相熔断器上、下桩头引线，在地面电工的配合下完成三相熔断器的更换工作，并对新安装熔断器进行分合情况检查后，取下熔丝管		
		斗内电工使用绝缘（双头）锁杆锁住中相熔断器上引线一端，将其提升并固定在主导线上，根据实际情况安装不同线夹，引线与主导线连接可靠、牢固后撤除绝缘（双头）锁杆	可安装并沟线夹、C 型线夹、J 型线夹、压接型线夹等	
		按照“先中间相、再两边相”的顺序，完成另两相熔断器的上引线安装	引线安装工具有绝缘（双头）锁杆、绝缘套筒扳手和线夹安装专用工具等	

续表

序号	作业内容	作业步骤及标准	安全措施及注意事项	责任人
14	拆除绝缘遮蔽措施	获得工作负责人的许可后，斗内2号电工转移绝缘斗至合适作业位置，斗内1号电工按照“从远到近、从上到下、先接地体后带电体”的原则，以及“先中间相、再两边相”的顺序（与遮蔽相反），依次拆除绝缘遮蔽隔离措施	斗内1号电工动作应轻缓并保持足够安全距离（相对地0.4m，相间0.6m）	
15	工作验收	斗内电工撤出带电作业区域	（1）应无大幅晃动现象。 （2）绝缘斗下降、上升的速度不应超过0.5m/s。 （3）绝缘斗边沿的最大线速度不应超过0.5m/s	
		斗内电工检查施工质量	（1）杆上无遗漏物。 （2）装置无缺陷符合运行条件。 （3）向工作负责人汇报施工质量	
16	撤离杆塔	下降绝缘斗返回地面、收回绝缘臂时应注意绝缘斗臂车周围杆塔、线路等情况		
17	工作负责人组织班组成员清理工具和现场	绝缘斗臂车各部件复位，收回绝缘斗臂车支腿		
		工作负责人组织班组成员整理工具、材料。将工器具清洁后放入专用的箱（袋）中。清理现场，做到“工完、料尽、场地清”		
18	工作负责人召开收工会	工作负责人组织召开现场收工会，作工作总结和点评	（1）正确点评本项工作的施工质量。 （2）点评班组成员在作业中的安全措施的落实情况。 （3）点评班组成员对规程的执行情况	
19	办理工作终结手续	工作负责人向工作许可人汇报工作结束，并终结工作		

（六）报告及记录

1. 作业总结（见表5-9）

表5-9 作 业 总 结

序号	内容	
1	作业情况评价	
2	存在问题及处理意见	

2. 消缺记录（见表5-10）

表5-10 消缺记录

序号	消缺内容	消缺人

3. 指导书执行情况评估（见表5-11）

表5-11 指导书执行情况评估

<table>
<tr><td rowspan="4">评估内容</td><td rowspan="2">符合性</td><td>优</td><td></td><td>可操作项</td><td></td></tr>
<tr><td>良</td><td></td><td>不可操作项</td><td></td></tr>
<tr><td rowspan="2">可操作性</td><td>优</td><td></td><td>修改项</td><td></td></tr>
<tr><td>良</td><td></td><td>遗漏项</td><td></td></tr>
<tr><td>存在问题</td><td colspan="5"></td></tr>
<tr><td>改进意见</td><td colspan="5"></td></tr>
</table>

第六章

绝缘手套作业法带电更换耐张杆绝缘子串

第一节 项 目 类 别

根据 Q/GDW 10520—2016《10kV 配网不停电作业规范》中“项目分类”的划分，本项目为第二类绝缘手套作业法，填写《配电带电作业工作票》，适用于 10kV 架空线路带电更换耐张杆绝缘子串见图 6－1。

图 6－1 现场操作

第二节 人员要求及分工

根据GB/T 18857—2019《配电线路带电作业技术导则》，本项目人员要求及分工见表6-1。

表6-1 人员要求及分工

序号	人员	数量	职责分工
1	工作负责人（监护人）	1人	负责组织、指挥作业，作业中全程监护，落实安全措施
2	作业人员	2人	负责斗内作业
3	地面电工	1人	负责地面配合作业

第三节 主要工器具

根据Q/GDW 10520—2016《10kV配网不停电作业规范》，本项目主要工器具配备一览表见表6-2。

表6-2 主要工器具配备一览表

序号	工器具名称		型号/规格	单位	数量	备注
1	特种车辆	绝缘斗臂车		辆	1	
2	个人防护用具	绝缘安全帽	10kV	顶	2	
3		普通安全帽		顶	4	
4		绝缘服	10kV	套	2	
5		绝缘手套	10kV	副	2	戴防护手套
6		全身式安全带		副	2	
7	绝缘遮蔽用具	导线遮蔽罩	10kV，1.5m	根	6	
8		引线遮蔽罩	10kV，0.6m	根	6	
9		绝缘毯	10kV	块	若干	
10		绝缘毯夹		只	若干	
11		电杆毯夹		只	4	

续表

序号	工器具名称		型号/规格	单位	数量	备注
12	工器具	绝缘电阻测试仪	2500V 及以上	套	1	
13		通信系统		套	1	
14		验电器	10kV	支	1	
15		风速仪		只	1	
16		温、湿度计		只	1	
17		绝缘绳	ϕ12mm，15m	根	1	
18		防潮苫布	3m×3m；1.5m×1.5m	块	2	
19		卡线器	SKL－2 或 GK－2	只	2	
20		取销钳		把	1	
21		紧线器		套	1	
22		斗用工具箱	白色	只	2	
23		帆布工具筒		只	1	
24		安全围栏		副	若干	
25		标示牌	“从此进出！”	块	1	
26		标示牌	“在此工作！”	块	1	
27		标示牌	“前方施工，车辆慢行”	块	2	
28		工具袋		个	1	
29	材料和备品、备件	耐张绝缘子	XP－7	片	2	
30		干燥清洁布		块	若干	

工器具展示（部分）（见图 6－2）

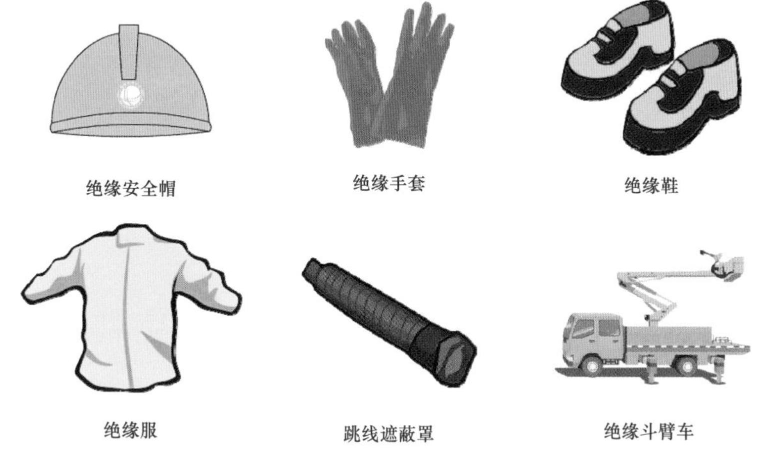

图6－2 主要工器具（一）

图6-2 主要工器具（二）

第四节 作 业 步 骤

（一）作业前的准备

1. 现场复勘

（1）工作负责人核对线路名称、杆号，见图 6-3。

（2）工作负责人检查确认作业装置和现场环境符合带电作业条件，见图 6-4。

图6-3　现场操作1

图6-4　现场操作2

（3）工作负责人检查气象条件，见图6-5。

图6-5 现场操作3

（4）斗内电工检查电杆根部、基础、埋深和拉线是否牢固，见图6-6。

图6-6 现场操作4

2. 工作负责人履行工作许可制度

工作负责人按配电带电作业工作票内容与值班调控人员或运维人员联系，办理工作许可手续，见图6-7。

图6-7 现场操作5

3. 布置工作现场

根据道路情况设置安全围栏、警告标志或路障，见图6-8。

图6-8 现场操作6

4. 现场站班会

（1）工作负责人对工作班成员进行工作任务、安全措施交底和危险点告知，确认每一个工作班成员都已知晓并签名确认，见图6-9。

图6-9 现场操作7

（2）工作负责人检查工作班成员精神状态是否良好，人员变动是否合适，见图6-10。

图6-10 现场操作8

5. 工器具和材料检查

整理材料，检查绝缘工器具，使用绝缘电阻测试仪分段检测绝缘电阻，绝缘电阻值不低于700MΩ，并检查新绝缘子的机电性能良好，见图6-11。

图 6-11　现场操作 9

（二）现场作业

1. 到达作业位置

斗内电工穿戴好绝缘防护用具，进入绝缘斗，挂好安全带保险钩，见图 6-12。

图 6-12　现场操作 10

2. 验电

斗内电工将工作斗调整至适当位置，使用验电器依次对导线、绝缘子、横担进行验电，确认无漏电现象，见图6–13。

图6–13　现场操作11

3. 设置三相绝缘遮蔽措施

斗内电工将绝缘斗调整到近边相导线外侧适当位置，按照“从近到远、从下到上、先带电体后接地体”的遮蔽原则对作业范围内的所有带电体和接地体进行绝缘遮蔽，其余两相绝缘遮蔽按照相同方法进行，见图6–14。

图6–14　现场操作12

4. 更换耐张绝缘子

（1）斗内电工将绝缘斗调整到近边相导线外侧适当位置，将绝缘绳套安装在耐张横担上，安装绝缘紧线器，在紧线器外侧加装后备保护绳，见图 6－15。

图 6－15 现场操作 13

（2）斗内电工收紧导线至耐张绝缘子松弛，并拉紧后备保护绝缘绳套，见图 6－16。

图 6－16 现场操作 14

（3）斗内电工脱开耐张线夹与耐张绝缘子串之间的碗头挂板，恢复耐张线夹处的绝缘遮蔽措施，见图 6－17。

图 6－17　现场操作 15

（4）斗内电工拆除旧耐张绝缘子，安装新耐张绝缘子，并恢复绝缘遮蔽，见图 6－18。

图 6－18　现场操作 16

（5）斗内电工将耐张线夹与耐张绝缘子连接安装好，恢复绝缘遮蔽，见图 6-19。

图 6-19　现场操作 17

（6）斗内电工松开后备保护绝缘绳套并放松紧线器，使绝缘子受力后，拆下紧线器、后备保护绳套及绝缘绳套，见图 6-20。

图 6-20　现场操作 18

（7）工作结束后，按照“从远到近、从上到下、先接地体后带电体”的原则拆除绝缘遮蔽。绝缘斗退出带电工作区域，检查杆上无遗留物，作业人员返回地面，见图6－21。

图6－21　现场操作19

（三）工作终结

1. 工作负责人组织工作人员清点工器具，并清理施工现场（见图6－22）

图6－22　现场操作20

2. 工作负责人对完成的工作进行全面检查，符合验收规范要求后，记录在册并召开现场收工会进行工作点评后，宣布工作结束（见图 6–23）

图 6–23 现场操作 21

3. 汇报值班调控人员工作已经结束，工作班撤离现场（见图 6–24）

图 6–24 现场操作 22

第五节 安全注意事项

（1）带电作业应在良好天气下进行，风力大于5级或湿度大于80%时，不宜带电作业。若遇雷电、雪、雹、雨、雾等不良天气，禁止带电作业。带电作业过程中若遇天气突然变化，有可能危及人身及设备安全时，应立即停止工作，撤离人员，恢复设备正常状况，或采取临时安全措施。

（2）根据Q/GDW 10520—2016《10kV配网不停电作业规范》规定，本项目一般无须停用线路重合闸。

（3）作业中，绝缘斗臂车绝缘臂的有效绝缘长度应不小于1.0m，绝缘绳套和后备保护的有效绝缘长度应不小于0.4m。

（4）作业中，人体应保持对地不小于0.4m、对邻相导线不小于0.6m的安全距离；如不能确保该安全距离时，应采用绝缘遮蔽措施，遮蔽用具之间的重叠部分不得小于150mm。

（5）安装绝缘遮蔽时应按照“从近到远、从下到上、先带电体后接地体”的原则依次进行，拆除时与此相反。

（6）验电发现横担有电，禁止继续实施本项作业。

（7）用绝缘紧线器收紧导线后，后备保护绳套应收紧固定。

（8）拔除、安装耐张线夹与耐张绝缘子连接的碗头挂板时，横担侧绝缘子及横担应有严密的绝缘遮蔽措施；在横担上拆除、挂接绝缘子串时，包括耐张线夹等导线侧带电导体应有严密的绝缘遮蔽措施。

（9）作业时，严禁人体同时接触两个不同的电位体；绝缘斗内双人工作时禁止两人接触不同的电位体。

（10）上、下传递工具、材料均应使用绝缘绳传递，严禁抛掷。

（11）斗臂车绝缘斗在有电工作区域转移时，应缓慢移动，动作要平稳；绝缘斗臂车作业时，发动机不能熄火（电能驱动型除外），以保证液压系统处于工作状态。

第六节 危险点分析及预控措施

1. 装置不符合作业条件

（1）现场勘察时应检查：作业点及两侧电杆埋设深度符合规范、导线在绝缘子上固定情况良好；耐张横担或抱箍应无锈蚀或机械强度受损的情况；

（2）进入带电作业区域后，斗内电工应检查待更换绝缘子连接可靠，无漏电现象。

2. 导线失去控制，引发导线伤人、接地短路事故

（1）紧线时，应密切注意绝缘紧线器等绝缘承力工具的受力情况，导线张力不应超出绝缘承力工具额定能力；

（2）紧线后，在更换耐张绝缘子串前，应在紧线用的卡线器外侧安装防止导线逃脱的后备保护，并使其轻微受力。

3. 作业空间狭小，人体串入电路而触电

（1）收紧导线后，紧线装置的绝缘绳套绝缘有效长度不小于 0.4m；

（2）后备保护绳绝缘有效长度不小于 0.4m；

（3）横担、电杆、导线等应遮蔽严密，防止更换绝缘子串时，斗内电工串入相对地的电路中；摘下绝缘子串，应先导线侧，及时恢复导线的绝缘遮蔽措施后，再横担侧；安装绝缘子串，应先横担侧，及时恢复横担的绝缘遮蔽措施后，再导线侧；

（4）设置耐张绝缘子串的绝缘遮蔽措施以及更换耐张绝缘子时，应防止短接绝缘子串。

4. 其他

上下传递设备、材料，不应与电杆、绝缘斗臂车工作斗发生碰撞。

第七节 作 业 指 导 书

绝缘手套作业法带电更换耐张杆
绝缘子串作业指导书

编写：__________ ________年______月______日

审核：__________ ________年______月______日

批准：__________ ________年______月______日

作业负责人：______________________________

作业日期：______年____月____日______时至______年____月____日____时

（一）适用范围

本作业指导书适用于绝缘手套作业法带电更换耐张杆绝缘子串项目实际操作。

（二）引用文件

GB/T 14286　带电作业工具设备术语

GB/T 18857　配电线路带电作业技术导则

DL/T 976　带电作业工具、装置和设备预防性试验规程

Q/GDW 10520—2016　10kV配网不停电作业规范

国家电网安质〔2014〕265　国家电网公司电力安全工作规程（配电部分）

（三）作业前准备

1. 作业分工（见表6-3）

表6-3　作业分工

序号	作业分工	作业人员
1	工作负责人（监护人）	
2	斗内1号电工	
3	斗内2号电工	
4	地面电工	

2. 准备工作安排（见表6-4）

表6-4　准备工作安排

序号	内容	标准	负责人	备注
1	作业前现场勘察	线路装置满足作业项目要求		
2	标准化作业指导书	满足现场作业的要求		
3	作业工器具准备	满足作业项目工器具的配置要求		
4	组织现场作业人员学习标准化作业指导书	掌握整个操作程序，理解工作任务、质量标准及操作中的危险点及控制措施		
5	开工前“三交三查”	（1）“三交”主要内容：任务交底、安全交底、技术交底。 （2）“三查”主要内容：检查人员的着装、身体状况和工器具的准备情况		

3. 工器具和仪器仪表（见表6–5）

表6–5 工器具和仪器仪表

序号	工器具名称		型号/规格	单位	数量	备注
1	特种车辆	绝缘斗臂车		辆	1	
2	个人防护用具	绝缘安全帽	10kV	顶	2	
3		普通安全帽		顶	4	
4		绝缘服	10kV	套	2	
5		绝缘手套	10kV	副	2	戴防护手套
6		全身式安全带		副	2	
7	绝缘遮蔽用具	导线遮蔽罩	10kV，1.5m	根	6	
8		引线遮蔽罩	10kV，0.6m	根	6	
9		绝缘毯	10kV	块	若干	
10		绝缘毯夹		只	若干	
11		电杆毯夹		只	4	
12	绝缘工器具	绝缘电阻测试仪	2500V及以上	套	1	
13		通信系统		套	1	
14		高压验电器	10kV	支	1	
15		绝缘绳	ϕ12mm，15m	根	1	
16		风速仪		只	1	
17		温、湿度计		套	1	
18		望远镜		只	1	
19		防潮苫布	3m×3m；1.5m×1.5m	块	2	
20		铝合金卡线器	SKL–2或GK–2	只	2	
21		紧线器	10kV	只	1	
22		取销钳		把	1	
23		个人工具		套	1	
24		斗用工具箱	白色	只	2	
25		帆布工具筒		只	1	
26		安全围栏			若干	
27		标示牌	“从此进出！”	块	1	
28		标示牌	“在此工作！”	块	1	
29		标示牌	“前方施工，车辆慢行”	块	2	
30		工具袋		只	1	
31	材料和备品、备件	耐张绝缘子	XP–7	片	2	
32		干燥清洁布		块	若干	

4. 危险点分析及预防控制措施（见表 6-6）

表 6-6 危险点分析及预防控制措施

序号	危险点	预防控制措施	完成情况
1	防倒杆事故	作业前，检查电杆的埋深、基础、杆身质量、拉线符合要求	
2	防高空坠落、落物伤人	（1）斗内作业电工应系好全身式安全带。 （2）绝缘遮蔽应设置严实。 （3）斗内工器具应有防落物的措施	
3	防触电伤害	（1）作业用的绝缘工器具经检查均符合带电作业要求。 （2）绝缘遮蔽时，连接处的重叠部位应不小于 15cm。 （3）带电作业时，应与周围地电位物体保持 0.4m 以上安全距离；与邻相带电体保持 0.6m 以上安全距离。 （4）作业时，绝缘斗臂车的绝缘臂最小有效长度不小于 1m。 （5）作业过程中，严禁摘下绝缘防护用具	
4	其他	根据现场实际情况，补充必要的危险点分析和预控内容	

（四）作业程序与规范

1. 开工准备（见表 6-7）

表 6-7 开 工 准 备

序号	作业内容	作业步骤及标准	安全措施及注意事项	责任人
1	现场复勘	工作负责人核对工作线路双重名称、杆号		
		工作负责人检查环境是否符合作业要求	（1）平整结实。 （2）地面倾斜度不大于 7°	
		工作负责人检查线路装置是否具备带电作业条件	（1）作业点及相邻两侧电杆埋深、杆身质量。 （2）作业点相邻两侧电杆导线的固结情况	
		工作负责人检查气象条件	（1）天气应晴好，无雷、雨、雪、雾。 （2）风力不大于 5 级。 （3）空气相对湿度不大于 80%	
		工作负责人检查工作票所列安全措施，必要时在工作票上补充安全技术措施		
2	执行工作许可制度	工作负责人与调度联系，履行工作许可手续	本项目一般无须停用线路重合闸	
		工作负责人在工作票上签字		
3	召开现场会议，对作业人员进行“三交三查”	工作负责人宣读工作票		
		工作负责人向作业人员交代工作任务并进行人员分工、交代工作中的安全措施和技术措施		

续表

序号	作业内容	作业步骤及标准	安全措施及注意事项	责任人
3	召开现场会议，对作业人员进行“三交三查”	工作负责人检查作业人员精神状态是否良好、着装是否符合要求、对工作任务分工、安全措施和技术措施是否明确		
		班组各成员在工作票和作业指导书上签名确认		
4	停放绝缘斗臂车	斗臂车驾驶员将绝缘斗臂车位置停放到适当位置	（1）停放的位置应便于绝缘斗臂车绝缘斗达到作业位置，避开附近电力线和障碍物。并能保证作业时绝缘斗臂车的绝缘臂有效绝缘长度。 （2）停放位置坡度不大于 7°，绝缘斗臂车应顺线路停放	
		斗臂车操作人员支放绝缘斗臂车支腿	（1）不应支放在沟道盖板上。 （2）软土地面应使用垫块或枕木，垫放时垫板重叠不超过 2 块，呈 45° 角。 （3）支撑应到位，车辆前后、左右呈水平；“H”型支腿的车型，水平支腿应全部伸出；整车支腿受力，车轮离地	
		斗臂车操作人员将绝缘斗臂车可靠接地	（1）接地线应采用有透明护套的不小于 $16mm^2$ 的多股软铜线。 （2）临时接地体埋深应不少于 0.6m	
5	布置工作现场	工作负责人组织班组成员设置工作现场的安全围栏、安全警示标志	（1）安全围栏的范围应考虑作业中高空坠落和高空落物的影响以及道路交通，必要时联系交通部门。 （2）围栏的出入口应设置合理。 （3）警示标示应包括“从此进出”“在此工作”等，道路两侧应有“车辆慢行”或“车辆绕行”标示或路障	
		班组成员按要求将绝缘工器具放在防潮苫布上	（1）防潮苫布应清洁、干燥。 （2）工器具应按定置管理要求分类摆放。 （3）绝缘工器具不能与金属工具、材料混放	
6	工作负责人组织班组成员检查工器具	班组成员逐件对绝缘工器具进行外观检查	（1）检查人员应戴清洁、干燥的手套。 （2）绝缘工具表面不应磨损、变形损坏，操作应灵活。 （3）个人安全防护用具和遮蔽、隔离用具应无针孔、砂眼、裂纹。 （4）检查斗内专用全身式安全带外观，并作冲击试验	
		班组成员使用绝缘电阻测试仪分段检测绝缘工具的表面绝缘电阻值。	（1）测量电极应符合规程要求（极宽 2cm、极间距 2cm）。 （2）正确使用（自检、测量）绝缘电阻检测仪（应采用点测的方法，不应使电极在绝缘工具表面滑动，避免刮伤绝缘工具表面）。 （3）绝缘电阻值不得低于 700MΩ	
		绝缘工器具检查完毕，向工作负责人汇报检查结果		
		斗内电工检查绝缘斗臂车表面状况	绝缘斗、绝缘臂应清洁、无裂纹损伤	

续表

序号	作业内容	作业步骤及标准	安全措施及注意事项	责任人
7	检查绝缘斗臂车	斗内电工试操作绝缘斗臂车	（1）试操作应空斗进行。 （2）试操作应充分，有回转、升降、伸缩的过程。确认液压、机械、电气系统正常可靠、制动装置可靠。 （3）检查绝缘斗臂车小吊绳是否有过伸长，有无断裂、变形、磨损	
		绝缘斗臂车检查和试操作完毕，斗内电工向工作负责人汇报检查结果		
8	检测耐张绝缘子	班组成员检测耐张绝缘子。检测完毕，向工作负责人汇报检测结果	（1）班组成员对两个（新）耐张绝缘子进行表面清洁和检查，绝缘子表面应无麻点、裂痕等现象。 （2）用绝缘电阻测试仪检测绝缘子的绝缘电阻不应低于 500MΩ	
9	斗内电工进入绝缘斗臂车绝缘斗	斗内电工穿戴好全套的个人安全防护用具： 个人安全防护用具包括绝缘安全帽、绝缘服、绝缘裤、绝缘手套（带防穿刺手套）、绝缘鞋（套鞋）等	工作负责人应检查斗内电工个人防护用具的穿戴是否正确规范	
		斗内电工携带工器具进入绝缘斗	（1）工器具应分类放置工具袋中。 （2）工器具的金属部分不准超出绝缘斗沿面。 （3）工具和人员重量不得超过绝缘斗额定载荷	
		斗内电工将全身式安全带系挂在斗内专用挂钩上		

2. 操作步骤（见表6-8）

表6-8　　操　作　步　骤

序号	作业内容	作业步骤及标准	安全措施及注意事项	责任人
1	进入带电作业区域	斗内电工经工作负责人许可后，操作绝缘斗臂车，进入带电作业区域，绝缘斗移动应平稳匀速	（1）应无大幅晃动现象。 （2）绝缘斗下降、上升的速度不应超过0.5m/s。 （3）绝缘斗边沿的最大线速度不应超过0.5m/s。 （4）转移绝缘斗时应注意绝缘斗臂车周围杆塔、线路等情况，绝缘臂的金属部位与带电体和地电位物体的距离大于1.0m。 （5）进入带电作业区域作业后，绝缘斗臂车绝缘臂的有效绝缘长度不应小于1.0m	
2	验电	在工作负责人的监护下，斗内电工转移绝缘斗至合适工作位置，对横担进行验电，确认横担无漏电现象方可继续作业	（1）验电时应戴绝缘手套。 （2）应先对高压验电器进行自检，并用工频高压发生器检测高压验电器是否良好。 （3）斗内电工与带电体间保持足够的安全距离（大于0.4m），验电器绝缘杆的有效绝缘长度应大于0.7m	

续表

序号	作业内容	作业步骤及标准	安全措施及注意事项	责任人
3	设置内边相绝缘遮蔽隔离措施	获得工作负责人许可后，斗内电工将绝缘斗调整到内边相道路侧的合适位置，按照“由近及远、由下到上、先带电体后接地体”的原则对内边相设置绝缘遮蔽措施，遮蔽的部位和顺序依次为主导线、引线、耐张线夹、耐张绝缘子、横担	（1）绝缘斗臂车绝缘臂的有效绝缘长度不应小于 1.0m。 （2）斗内电工在对导线和引线设置绝缘遮蔽措施时，动作应轻缓，与横担之间应有足够的安全距离（不小于 0.4m），与邻相导线之间应有足够的安全距离（不小于 0.6m）。 （3）绝缘遮蔽措施应严密、牢固，连续遮蔽时重叠距离不得小于 15cm	
4	设置外边相绝缘遮蔽隔离措施	获得工作负责人许可后，斗内电工将绝缘斗调整到内边相道路侧的合适位置，按照“由近及远、由下到上、先带电体后接地体”的原则对内边相设置绝缘遮蔽措施：遮蔽的部位和顺序依次为主导线、引线、耐张线夹、耐张绝缘子、横担	（1）绝缘斗臂车绝缘臂的有效绝缘长度不应小于 1.0m。 （2）斗内电工在对导线和引线设置绝缘遮蔽措施时，动作应轻缓，与横担之间应有足够的安全距离（不小于 0.4m），与邻相导线之间应有足够的安全距离（不小于 0.6m）。 （3）绝缘遮蔽措施应严密、牢固，连续遮蔽时重叠距离不得小于 15cm	
5	设置中间相绝缘遮蔽、隔离措施	获得工作负责人许可后，斗内电工转移绝缘斗到中间相的合适位置，按照“由近及远、由下到上、先带电体后接地体”的原则对中间相设置绝缘遮蔽措施：遮蔽的部位和顺序依次为主导线、引线、耐张线夹、耐张绝缘子	（1）斗内电工动作应轻缓，与电杆杆顶之间应有足够的安全距离（不小于 0.4m）。 （2）绝缘遮蔽隔离措施应严密、牢固，绝缘遮蔽组合的重叠距离不得小于 15cm	
6	安装绝缘绳套	斗内电工调整绝缘斗至两边相导线之间的合适位置，将 2 根绝缘绳套拴在电杆上。	（1）绝缘绳套不应拴在绝缘遮蔽材料上。 （2）绝缘绳套不应直接拴在电杆上，在其内侧应垫好毛巾或其他防止绳套磨损的措施。 （3）紧线工具应尽量平直。 （4）紧线绝缘工具的有效绝缘长度不应小于 0.4m	
7	设置横担和电杆绝缘遮蔽措施	获得工作负责人许可后，斗内电工转移绝缘斗到中间相的合适位置，对横担和电杆设置绝缘遮蔽措	绝缘遮蔽措施应严密、牢固，重叠部分不得小于 15cm	
8	收紧中间相导线	获得工作负责人许可后，斗内电工打开导线上的遮蔽措施，在导线上安装好卡线器和绝缘紧线器。斗内电工一边观察导线、电杆和紧线工具的受力情况，一边慢慢收紧导线，直至耐张绝缘子串松弛	随时观察导线的受力情况	
9	安装中间相后备保护绳	斗内电工在主紧线用的铝合金卡线器外侧安装后备保护用的另一个铝合金卡线器和绝缘短绳。斗内电工恢复导线及增加铝合金卡线器上的绝缘遮蔽措施。斗内电工收紧绝缘短绳绳并固定	后备保护绳应处于受力状态	
10	更换中间相耐张绝缘子串	具体步骤为： （1）打开连接碗头处的绝缘遮。 （2）在绝缘子上捆绑绝缘吊绳。 （3）用取销钳取出碗头的销	（1）绝缘子串不应直接放置在绝缘斗内，上下传递绝缘子应注意避免与电杆、绝缘斗碰撞。	

续表

序号	作业内容	作业步骤及标准	安全措施及注意事项	责任人
10	更换中间相耐张绝缘子串	（4）绝缘子串脱开后，恢复带电部位的绝缘遮蔽措施。 （5）在绝缘子上捆绑绝缘吊绳，用取销钳取出绝缘子串的销。 （6）吊下旧绝缘子串，吊上新绝缘子串。 （7）在横担侧安装耐张绝缘子串，恢复绝缘子串绝缘遮蔽。 （8）打开带电部位的绝缘遮蔽措施。 （9）安装线路侧的绝缘子连接。 （10）恢复绝缘遮蔽措施	（2）挂接新耐张绝缘子串时，应确认连接良好，耐张串上的弹簧销子、螺栓及穿钉应由上向下穿。 （3）绝缘子串带电脱开或连接时，手应托在绝缘子包毯外面。 （4）绝缘子串带电脱开或连接后，应及时恢复带电部位的绝缘遮蔽措施。 （5）应避免高空落物现象	
11	拆除后备保护和紧线工具	获得工作负责人许可后，斗内电工拆除后备保护措施、紧线工具。及时恢复导线侧的绝缘遮蔽措施	松开绝缘紧线器时，动作应缓慢并应同时观察绝缘子受力情况	
12	拆除电杆和横担绝缘遮蔽措施	获得工作负责人许可后，斗内电工转移绝缘斗到中间相的合适位置，拆除电杆和横担的绝缘遮蔽措施		
13	拆除中间相绝缘遮蔽隔离措施	获得工作负责人的许可后，斗内电工调整绝缘斗位置，按照“由远到近、从上到下、先接地体后带电体”的顺序，依次拆除中间相绝缘遮蔽措施	（1）拆除的顺序为：耐张绝缘子、引线、主导线。 （2）拆除引线的绝缘遮蔽措施时，动作应尽量轻缓。 （3）拆除导线上的绝缘遮蔽措施时，应与电杆保持有足够的安全距离（不小于0.4m）	
14	拆除外边相绝缘遮蔽隔离措施	获得工作负责人的许可后，斗内电工转移绝缘斗至外边相的外侧，按照“由远到近、从上到下、先接地体后带电体”的顺序，依次拆除外边相上的绝缘遮蔽措施	（1）拆除的顺序为：横担、耐张绝缘子、引线、主导线。 （2）拆除引线的绝缘遮蔽措施时，动作应尽量轻缓。 （3）拆除导线上的绝缘遮蔽措施时，应与电杆、横担保持有足够的安全距离（不小于0.4m），与邻相导体保持有足够的安全距离（不小于0.6m）	
15	拆除内边相绝缘遮蔽隔离措施	获得工作负责人的许可后，斗内电工转移绝缘斗至外边相的外侧，按照“由远到近、从上到下、先接地体后带电体” 的顺序，依次拆除外边相上的绝缘遮蔽措施	（1）拆除的顺序为：横担、耐张绝缘子、引线、主导线。 （2）拆除引线的绝缘遮蔽措施时，动作应尽量轻缓。 （3）拆除导线上的绝缘遮蔽措施时，应与电杆、横担保持有足够的安全距离（不小于 0.4m），与邻相导体保持有足够的安全距离（不小于 0.6m）	
16	工作验收	斗内电工撤出带电作业区域	（1）应无大幅晃动现象。 （2）绝缘斗下降、上升的速度不应超过0.5m/s。 （3）绝缘斗边沿的最大线速度不应超过0.5m/s	
		斗内电工检查施工质量	（1）杆上无遗漏物。 （2）装置无缺陷符合运行条件。 （3）向工作负责人汇报施工质量	

续表

序号	作业内容	作业步骤及标准	安全措施及注意事项	责任人
17	撤离杆塔	下降绝缘斗返回地面、收回绝缘臂时应注意绝缘斗臂车周围杆塔、线路等情况		

3. 工作结束（见表6-9）

表6-9　　工　作　结　束

序号	作业内容	步骤及要求
1	工作负责人组织班组成员清理工具和现场	绝缘斗臂车各部件复位，收回绝缘斗臂车支腿
		工作负责人组织班组成员整理工具、材料。将工器具清洁后放入专用的箱（袋）中。清理现场，做到“工完、料尽、场地清”
2	工作负责人召开收工会	工作负责人组织召开现场收工会，作工作总结和点评工作： （1）正确点评本项工作的施工质量。 （2）点评班组成员在作业中的安全措施的落实情况。 （3）点评班组成员对规程的执行情况
3	办理工作终结手续	工作负责人向调度汇报工作结束，并终结工作票

（五）报告及记录

1. 作业总结（见表6-10）

表6-9　　作　业　总　结

序号	内容	
1	作业情况评价	
2	存在问题及处理意见	

2. 消缺记录（见表6-11）

表6-11　　消　缺　记　录

序号	消缺内容	消缺人

3. 指导书执行情况评估（见表 6－12）

表 6－12 指导书执行情况评估

<table>
<tr><td rowspan="4">评估内容</td><td rowspan="2">符合性</td><td>优</td><td></td><td>可操作项</td><td></td></tr>
<tr><td>良</td><td></td><td>不可操作项</td><td></td></tr>
<tr><td rowspan="2">可操作性</td><td>优</td><td></td><td>修改项</td><td></td></tr>
<tr><td>良</td><td></td><td>遗漏项</td><td></td></tr>
<tr><td>存在问题</td><td colspan="5"></td></tr>
<tr><td>改进意见</td><td colspan="5"></td></tr>
</table>

第七章

绝缘手套作业法带电更换柱上开关

第一节　项　目　类　别

根据 Q/GDW 10520—2016《10kV 配网不停电作业规范》中“项目分类”的划分，本项目为第二类绝缘手套作业法，填写《配电带电作业工作票》，适用于 10kV 架空线路带电更换柱上开关现场操作，见图 7－1。

图 7－1　现场操作

第二节 人员要求及分工

根据 Q/GDW 10520—2016《10kV 配网不停电作业规范》，本项目人员要求及分工见表 7–1。

表 7–1 人员要求及分工

序号	人员	数量	职责分工
1	工作负责人（监护人）	1 人	负责组织、指挥作业，作业中全程监护，落实安全措施
2	斗内电工	2 人	负责斗内作业
3	地面电工	1 人	负责地面配合作业
4	杆上电工	1 人	负责配合斗内电工吊装柱上开关

第三节 主要工器具

根据 Q/GDW 10520—2016《10kV 配网不停电作业规范》，本项目主要工器具配备一览表见表 7–2。

表 7–2 主要工器具配备一览表

序号	工器具名称		型号 / 规格	单位	数量	备注
1	特种车辆	绝缘斗臂车		辆	1	
2	个人防护用具	绝缘安全帽	10kV	顶	2	
3		普通安全帽		顶	5	
4		绝缘服	10kV	套	2	
5		绝缘手套	10kV	副	2	戴防护手套
6		全身式安全带		副	3	
7	绝缘遮蔽用具	导线遮蔽罩	10kV，1.5m	根	6	
8		引线遮蔽罩	10kV，0.6m	根	20	
9		绝缘毯	10kV	块	若干	
10		绝缘夹		只	若干	

续表

序号	工器具名称		型号 / 规格	单位	数量	备注
11	绝缘工器具	绝缘绳	ϕ12mm，15m	根	2	
12		绝缘绳套	0.5m	根	4	吊装柱上开关
13		绝缘绳套	0.8m	根	6	固定引线
14		绝缘操作杆	10kV	根	1	
15	其他主要工器具	绝缘电阻测试仪	2500V 及以上	套	1	
16		高压验电器	10kV	支	1	
17		钳形电流表		只	1	
18		风速仪		只	1	
19		温、湿度计		只	1	
20		防潮苫布	3m×3m	块	1	
21		电动扳手		把	1	
22		脚扣		副	1	
23		个人工具		套	2	
24		个人工具箱		只	1	
25		安全围栏		副	若干	
26		标示牌	“从此进出！”	块	1	
27		标示牌	“在此工作！”	块	1	
28	材料和备品、备件	柱上开关	OFG－12ERA－A	套	1	

工器具展示（部分）（见图 7－2）

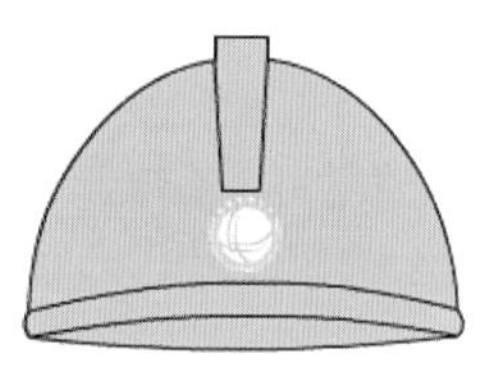

绝缘安全帽

绝缘手套

绝缘鞋

图 7－2 主要工器具（一）

绝缘服　跳线遮蔽罩　绝缘斗臂车

全身式安全带　导线遮蔽罩　绝缘毯

绝缘绳　绝缘保护绳　绝缘电阻测试仪

风速仪　防潮苫布　安全围栏

护目镜

图 7-2　主要工器具（二）

第四节 作 业 步 骤

（一）作业前的准备

1. 现场复勘

（1）工作负责人核对线路双重名称、杆号，见图 7–3。

图 7–3 现场操作 1

（2）工作前，工作负责人检查柱上负荷开关或隔离开关指示标识在“分”位，刀闸已拉开。具有配网自动化功能的柱上负荷开关，其电压互感器应退出运行。检查作业装置和现场环境符合带电作业条件，见图 7–4。

（3）工作负责人检查气象条件满足工作要求，见图 7–5。

图 7–4　现场操作 2

图 7–5　现场操作 3

2. 工作负责人履行工作许可制度

工作负责人按配电带电作业工作票内容与值班调控人员或运维人员联系，履行工作许可手续，见图 7–6。

图 7-6　现场操作 4

3. 布置工作现场

绝缘斗臂车进入合适位置，并可靠接地，根据道路情况设置安全围栏、警告标志或路障，见图 7-7。

图 7-7　现场操作 5

4. 现场站班会

（1）工作负责人对工作班成员进行工作任务分工、安全措施交底和危险点告知，确认每一个工作班成员都已知晓并签名，见图 7－8。

图 7－8 现场操作 6

（2）工作负责人检查工作班成员精神状态是否良好，人员变动是否合适，见图 7－9。

图 7－9 现场操作 7

5. 工器具和材料检查

（1）整理材料，对安全工器具、绝缘工具进行检查，对绝缘工具应使用绝缘电阻测试仪进行分段绝缘检测，绝缘电阻值不低于 700MΩ。查看绝缘臂、绝缘斗良好，调试斗臂车，见图 7－10。

图 7－10　现场操作 8

（2）检查测试新柱上负荷开关或隔离开关设备机电性能良好，符合作业要求，见图 7－11。

图 7－11　现场操作 9

（二）现场作业

1. 到达作业位置

斗内电工穿戴好绝缘防护用具，进入绝缘斗内，挂好安全带保险钩，见图 7－12。

图 7－12　现场操作 10

2. 验电

斗内电工将工作斗调整至带电导线横担下侧适当位置，使用相应电压等级且合格的验电器对绝缘子、横担进行验电，确认无漏电现象，见图 7－13。

3. 设置三相绝缘遮蔽措施

（1）斗内电工按照“从近到远、从下到上、先带电体后接地体”的遮蔽原则，对作业范围内的所有带电体和接地体进行绝缘遮蔽。首先对导线、引线、耐张线夹、隔离开关等带电设备进行绝缘遮蔽；其次将绝缘斗分别调整到柱上隔离开关桩头侧，在隔离开关支柱瓷瓶处横向加装绝缘隔板；最后对绝缘子、横担等设备进行绝缘遮蔽，见图 7－14。

图 7－13　现场操作 11

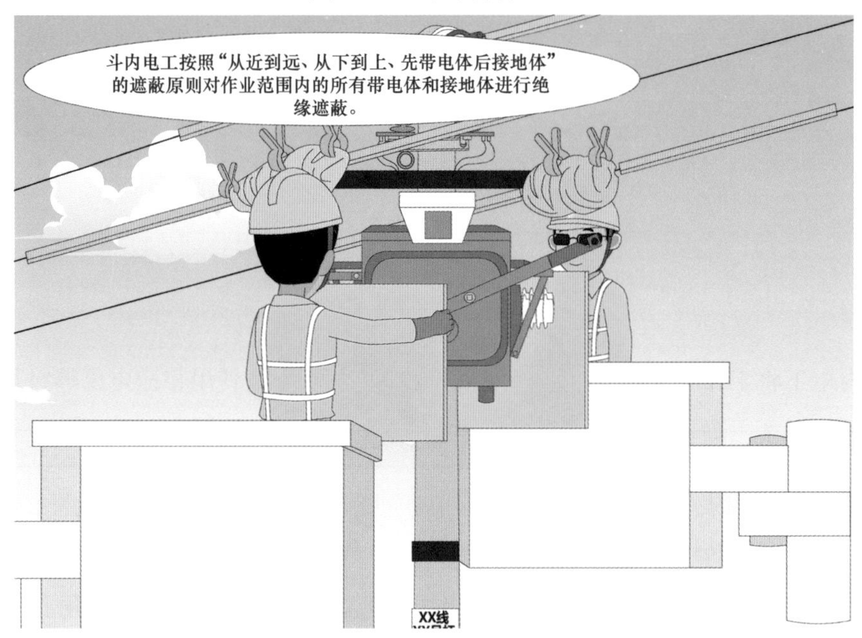

图 7－14　现场操作 12

对导线、引线、耐张线夹、隔离开关等带电设备进行绝缘遮蔽；将绝缘斗分别调整到柱上隔离开关桩头侧，在隔离开关支柱瓷瓶处横向加装绝缘隔板；对绝缘子、横担等设备进行绝缘遮蔽。

（2）其他两相绝缘遮蔽按照相同方法进行，见图 7－15。

图 7－15　现场操作 13

4. 带电更换柱上隔离开关（联动式）的操作步骤

（1）斗内电工调整绝缘斗至近边相合适位置处，将柱上隔离开关引线从主导线上拆开，并妥善固定。恢复主导线处绝缘遮蔽措施，见图 7－16。

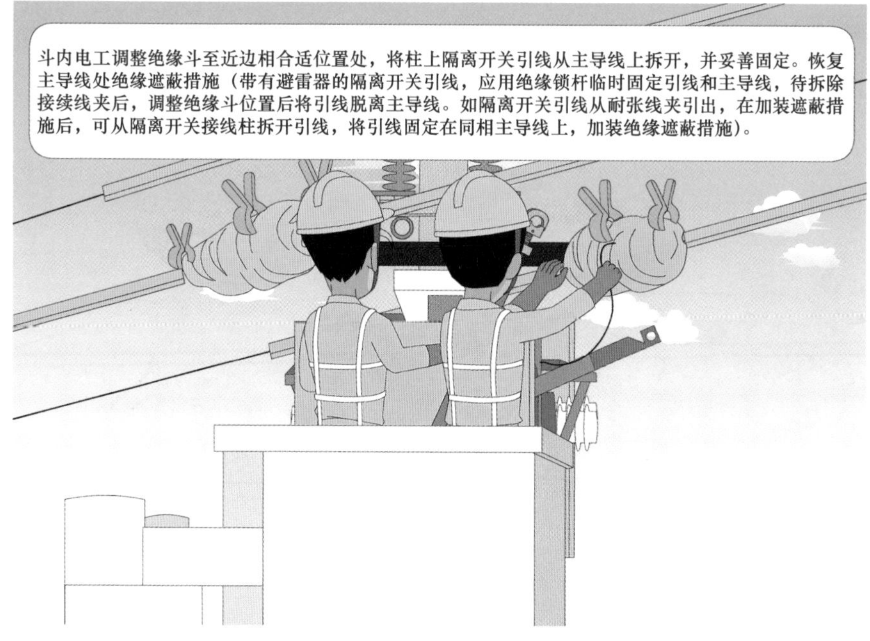

图 7－16　现场操作 14

（2）其余两相隔离开关引线按照相同的方法拆除，见图 7－17。

图 7－17 现场操作 15

（3）绝缘斗臂车斗内电工将绝缘吊臂调整至柱上隔离开关上方合适位置，见图 7－18。

图 7－18 现场操作 16

（4）斗内电工相互配合更换柱上隔离开关，并进行分、合试操作调试，然后将柱上隔离开关置于断开位置，见图 7－19。

图 7－19　现场操作 17

（5）斗内电工调整绝缘斗在柱上隔离开关相间、两侧各自桩头上加装绝缘挡板。

（6）斗内电工相互配合恢复中间相柱上隔离开关引线。恢复新安装柱上隔离开关的绝缘遮蔽措施。

（7）其余两相柱上隔离开关更换按照相同方法进行。

5. 带电更换柱上开关的操作步骤

（1）斗内电工调整绝缘斗至合适位置处，将柱上负荷开关两侧引线从主导线上拆开，并妥善固定。恢复主导线处绝缘遮蔽措施，见图 7－20。

（2）其余两相开关引线按照相同的方法拆除，见图 7－21。

（3）斗内电工在负荷开关上安装绝缘绳套，使用绝缘吊臂在上方吊起柱上负荷开关，见图 7－22。

图 7－20　现场操作 18

图 7－21　现场操作 19

（4）杆上电工拆除负荷开关固定螺栓，使负荷开关脱离固定支架，见图 7－22。

（5）斗内电工操作绝缘吊臂缓慢将柱上负荷开关放至地面，见图 7－23。

图 7－22 现场操作 20

图 7－23 现场操作 21

（6）安装新的柱上负荷开关，确认无误后，将中间相两侧引线接至中间相主导线上。恢复新安装柱上负荷开关的绝缘遮蔽，见图 7－24。

图 7－24　现场操作 22

（7）其余两相柱上负荷开关引线按照相同方法搭接，见图 7－25。

图 7－25　现场操作 23

6. 拆除三相绝缘遮蔽措施

工作结束后，按照拆除“从远到近、从上到下、先接地体后带电体”的原则拆除绝缘遮蔽隔离措施。拆除杆上绝缘遮蔽时应先中间相、再远边相、最后近边相顺序依次进

行，将绝缘斗退出有电工作区域，作业人员返回地面，见图 7-26。

图 7-26　现场操作 24

（三）工作终结

（1）工作负责人组织工作人员清点工器具，并清理施工现场，见图 7-27。

图 7-27　现场操作 25

（2）工作负责人对完成的工作进行全面检查，符合验收规范要求后，记录在册并召开现场收工会进行工作点评后，宣布工作结束，见图 7－28。

图 7－28　现场操作 26

（3）汇报值班调控人员工作已经结束，工作班撤离现场，见图 7－29。

图 7－29　现场操作 27

第五节　安全注意事项

（1）带电作业应在良好天气下进行，风力大于 5 级或湿度大于 80%时，不宜带电作业。若遇雷电、雪、雹、雨、雾等不良天气，禁止带电作业。带电作业过程中若遇天气突然变化，有可能危及人身及设备安全时，应立即停止工作，撤离人员，恢复设备正常状况，或采取临时安全措施。

（2）根据 Q/GDW 10520—2016《10kV 配网不停电作业规范》规定，本项目一般无须停用线路重合闸。

（3）作业中，绝缘斗臂车绝缘臂的有效绝缘长度应不小于 1.0m，绝缘绳套和后备保护的有效绝缘长度应不小于 0.4m。

（4）作业中，人体应保持对地不小于 0.4m、对邻相导线不小于 0.6m 的安全距离；如不能确保该安全距离时，应采用绝缘遮蔽措施，遮蔽用具之间的重叠部分不得小于 150mm。

（5）安装绝缘遮蔽时应按照“由近及远、从下到上、先带电体后接地体”的原则依次进行，拆除时与此相反。

（6）验电发现隔离开关安装支架带电，禁止继续实施本项作业。

（7）作业线路下层有低压线路同杆并架时，如妨碍作业，应对作业范围内的相关低压线路采取绝缘遮蔽措施。

（8）如隔离开关支柱绝缘子机械损伤，拆引线时应用锁杆妥善固定，并应采取防高空落物的措施。

（9）在拆除有配网自动化的柱上负荷开关时，需将操动机构转至“OFF”位置，待更换完成后再行恢复“AUTO” 位置。

（10）在同杆架设线路上工作，与上层线路小于安全距离规定且无法采取安全措施时，不得进行该项工作。

（11）作业过程中禁止摘下绝缘防护用具。

（12）作业前应检查柱上开关的试验报告，并对柱上开关进行绝缘检测和试操作。

（13）作业时，严禁人体同时接触两个不同的电位体；绝缘斗内双人工作时禁止两人接触不同的电位体。

（14）上、下传递工具、材料均应使用绝缘绳传递，严禁抛掷。

第六节　危险点分析及预控措施

1. 装置不符合作业条件

当日工作现场复勘时，如待更换的柱上开关（或具有配网自动化功能的分段开关、用户分界开关）电源侧有电压互感器，应与运维人员一起确认已退出。

注意：如果无法通过隔离开关或操作退出电压互感器，应禁止作业。

斗内电工进入带电作业区域后，对开关金属外壳、安装支架验电发现有电，并且变电站有明显的接地信号，禁止作业。

2. 旧开关设备绝缘性能和机械性能不良，泄漏电流或短路电流产生的电弧伤人

（1）作业前，应确认待更换柱上开关处于分闸位置。

（2）开关设备机械性能不良的情况下，如绝缘柱断裂，应防止设备突然断裂造成接地或短路。

（3）有效控制开关设备的引线。

3. 新开关设备的绝缘性能和操作性能不良，泄漏电流或短路电流产生的电弧伤人

（1）作业前应检查开关设备的试验报告，应用绝缘电阻测试仪检测开关相间及相对地之间的绝缘电阻并进行试分、合操作。

（2）在搭接新换开关设备两侧的引线时，开关设备应处于分闸位置。

4. 开关设备引线相序错误，合闸时相间短路

新换柱上开关或隔离开关在合闸前，应对引线相序进行检查，必要时应用核相仪进行核相。

5. 作业空间狭小，人体串入电路而触电

（1）应按照以下顺序断、接开关设备引线：断开关设备引线时，宜先断电源侧引线，三相引线应按“先两边相，再中间相”或“由近及远”的顺序进行；接开关设备引线时，

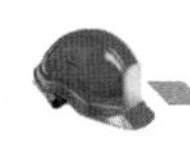

宜先接负荷侧，三相引线应按“先中间相，再两边相”或“由远到近”的顺序进行；引线带电断、接的位置均应在主线搭接位置处进行。

（2）作业中，应防止人体串入已断开或未接通的引线和主线之间。

（3）有效控制开关设备的引线，避免引线摆动。

6. 重物打击，高空落物

（1）在使用绝缘斗臂车小吊臂时，应检查：吊绳的机械强度（如断股、伸长率、变形等）；小吊滑轮和吊钩部件的完整性、操作的灵活性和机械强度。

（2）起吊时，载荷不应超出绝缘斗臂车小吊相应起吊角度下的起重能力。

（3）起吊时，应控制设备晃动幅度，不应超出小吊的控制能力；绝缘斗臂车小吊升降和绝缘臂的起伏、升降、回转等操作不应同时进行；必要时还应在开关设备底座上增加绝缘控制绳，由地面电工进行控制。

（4）起吊时，应正确选择并安装绝缘绳套、卸扣。

（5）上下传递设备、材料，不应与电杆、绝缘斗臂车工作斗发生碰撞。

（6）地面电工、杆上配合人员不得处于绝缘斗臂车绝缘臂、绝缘斗或开关的设备下方。

第七节　作 业 指 导 书

绝缘手套作业法带电更换柱上开关作业指导书

编写：＿＿＿＿＿＿　＿＿＿＿年＿＿＿月＿＿＿日

审核：＿＿＿＿＿＿　＿＿＿＿年＿＿＿月＿＿＿日

批准：＿＿＿＿＿＿　＿＿＿＿年＿＿＿月＿＿＿日

作业负责人：＿＿＿＿＿＿＿＿＿＿＿＿＿＿＿＿

作业日期：＿＿＿年＿＿月＿＿日＿＿＿时至＿＿＿年＿＿月＿＿日＿＿时

（一）适用范围

本作业指导书适用于绝缘手套作业法带电更换柱上开关项目实际操作。

（二）引用文件

GB/T 14286 带电作业工具设备术语

GB/T 18857 配电线路带电作业技术导则

DL/T 976 带电作业工具、装置和设备预防性试验规程

Q/GDW 10520—2016 10kV 配网不停电作业规范

国家电网安质〔2014〕265 号 国家电网公司电力安全工作规程（配电部分）

（三）作业前准备

1. 作业分工（见表 7-3）

表 7-3 作 业 分 工

序号	作业分工	作业人员
1	工作负责人	
2	斗内 1 号电工	
3	斗内 2 号电工	
4	杆上电工	
5	地面电工	

2. 准备工作安排（见表 7-4）

表 7-4 准 备 工 作 安 排

序号	内容	标准	负责人	备注
1	现场勘察	根据作业任务，进行现场勘察并确作业方式		
2	组织现场作业人员学习标准化作业指导书	掌握绝缘手套作业法带电更换柱上开关的整个操作程序，理解工作任务、质量标准及操作中的危险点及控制措施		
3	开工前“三交三查”	（1）“三交”主要内容：任务交底、安全交底、技术交底。 （2）“三查”主要内容：检查人员的着装、身体状况和工器具的准备情况		

3. 工器具和仪器仪表（见表 7-5）

表 7-5　　工器具和仪器仪表

序号	工器具名称		型号/规格	单位	数量	备注
1	特种车辆	绝缘斗臂车		辆	1	
2	个人防护用具	绝缘安全帽	10kV	顶	2	
3		普通安全帽		顶	5	
4		绝缘服	10kV	套	2	
5		绝缘手套	10kV	副	2	戴防护手套
6		全身式安全带		根	3	
7	绝缘遮蔽用具	导线遮蔽罩	10kV，1.5m	根	6	
8		引线遮蔽罩	10kV，0.6m	根	20	
9		绝缘毯	10kV	块	若干	
10		绝缘夹		只	若干	
11	绝缘工器具	绝缘绳	ϕ12mm，15m	根	2	
12		绝缘绳套	0.5m	根	4	吊装柱上开关
13		绝缘绳套	0.8m	根	6	固定引线
14		绝缘操作杆	10kV	根	1	
15	其他主要工器具	绝缘电阻测试仪	2500V 及以上	套	1	
16		高压验电器	10kV	支	1	
17		钳形电流表		只	1	
18		风速仪		只	1	
19		温、湿度计		套	1	
20		防潮苫布	3m×3m	块	1	
21		电动扳手		把	1	
22		脚扣		副	1	
23		个人工具		套	2	
24		个人工具箱		只	1	
25		安全围栏		副	若干	
26		标示牌	“从此进出！”	块	1	
27		标示牌	“在此工作！”	块	1	
28	材料和备品、备件	柱上开关	OFG-12ERA-A	套	1	

4. 危险点分析及预防控制措施（见表7-6）

表7-6 危险点分析及预防控制措施

序号	危险点	预防控制措施	完成情况
1	防倒杆事故	作业前，检查电杆的埋深、基础、杆身质量、拉线符合要求	
2	防高空坠落、落物伤人	（1）斗内作业电工应系好全身式安全带，杆上电工还应系好后备保护绳。 （2）绝缘遮蔽应设置严实。 （3）斗内工器具应有防落物的措施	
3	防触电伤害	（1）作业用的绝缘工器具经现场检查均符合带电作业要求。 （2）绝缘遮蔽时，连接处的重叠部位应不小于15cm。 （3）带电作业时，应与周围地电位物体保持0.4m以上安全距离；与邻相保持0.6m以上安全距离。 （4）作业时，绝缘斗臂车的绝缘臂最小有效长度不小于1m。 （5）作业过程中，严禁摘下绝缘防护用具	
4	其他	根据现场实际情况，补充必要的危险点分析和预控内容	

（四）作业程序与规范

1. 开工准备（见表7-7）

表7-7 开工准备

序号	作业内容	作业步骤及标准	安全措施及注意事项	责任人
1	现场复勘	工作负责人核对工作线路双重名称、杆号		
		工作负责人检查地形环境是否符合作业要求	（1）平整坚实。 （2）地面倾斜度≤7°	
		工作负责人检查线路装置是否具备带电作业条件	（1）作业点及两侧电杆基础、埋深、杆身质量。 （2）检查作业点两侧导线应无损伤、绑扎固定应牢固可靠，弧垂适度	
		工作负责人检查气象条件	（1）天气应晴好，无雷、雨、雪、雾。 （2）风速≤10.7 m/s。 （3）空气相对湿度≤80%	
		工作负责人检查工作票所列安全措施，在工作票上补充安全措施		
2	执行工作许可制度	工作负责人按工作票内容与当值调度员联系，确认线路重合闸装置已退出。联系应用普通话		
		工作负责人在工作票上签字		
3	召开现场会议	（1）站班列队。 （2）“三交”主要内容：任务交底、安全交底、技术交底。 （3）“三查”主要内容：检查人员的着装、身体状况和工器具的准备情况。 （4）作业人员清楚“三交三查” 内容后签字确认。 （5）工作负责人在确定工器具完好安全、材料齐全、周围环境、天气良好的情况下允许作业人员进行绝缘手套作业法带电更换柱上开关或隔离开关工作		

续表

序号	作业内容	作业步骤及标准	安全措施及注意事项	责任人
4	停放绝缘斗臂车	斗臂车驾驶员将绝缘斗臂车停放到最佳位置	（1）停放的位置应便于绝缘斗臂车绝缘斗到达作业位置，避开附近电力线和障碍物，并能保证作业时绝缘斗臂车的绝缘臂有效绝缘长度。 （2）停放位置坡度≤7°，绝缘斗臂车应顺线路停放。 （3）应做到尽可能小地影响道路交通	
		斗臂车操作人员支放绝缘斗臂车支腿	（1）不应支放在沟道盖板上。 （2）软土地面应使用垫块或枕木，垫板重叠不超过2块，呈45°角。 （3）支腿顺序应正确（“H”型支腿的车型，应先伸出水平支腿，再伸出垂直支腿；在坡地停放，应先支“前支腿”，后支“后支腿”）。 （4）支撑应到位。车辆前后、左右呈水平；“H”型支腿的车型四轮应离地。坡地停放调整水平后，车辆前后倾斜应≤3°	
		斗臂车操作人员将绝缘斗臂车可靠接地	（1）接地线应采用有透明护套的不小于16mm²的多股软铜线。 （2）临时接地体埋深应不少于0.6m	
5	布置工作现场	工作负责人组织班组成员设置工作现场的安全围栏、安全警示标志	（1）安全围栏的范围应考虑作业中高空坠落和高空落物的影响以及道路交通，必要时联系交通部门。 （2）围栏的出入口应设置合理。 （3）警示标示应包括“从此进出”、“施工现场”等，道路两侧应有“车辆慢行”或“车辆绕行”标示或路障	
		班组成员按要求将绝缘工器具放在防潮苫布上	（1）防潮苫布应清洁、干燥。 （2）工器具应按定置管理要求分类摆放。 （3）绝缘工器具不能与金属工具、材料混放	
6	检查绝缘工器具	班组成员逐件对绝缘工器具进行外观检查	（1）检查人员应戴清洁、干燥的手套。 （2）绝缘工具表面不应磨损、变形损坏，操作应灵活。 （3）个人安全防护用具和遮蔽、隔离用具应无针孔、砂眼、裂纹。 （4）检查斗内专用全身式安全带外观，并作冲击试验	
		班组成员使用绝缘电阻测试仪分段检测绝缘工具（绝缘传递绳、绝缘后备保护绳、绝缘分流线防坠绳、绝缘横担等）的表面绝缘电阻值 绝缘工器具检查完毕，向工作负责人汇报检查结果	（1）测量电极应符合规程要求（极宽2cm、极间距2cm）。 （2）正确使用（自检、测量）绝缘电阻测试仪（应采用点测的方法，不应使电极在绝缘工具表面滑动，避免刮伤绝缘工具表面）。 （3）绝缘电阻值不得低于700MΩ	

续表

序号	作业内容	作业步骤及标准	安全措施及注意事项	责任人
7	检查绝缘斗臂车	斗内电工检查绝缘斗臂车表面状况	绝缘斗、绝缘臂应清洁、无裂纹损伤	
		斗内电工试操作绝缘斗臂车	（1）试操作应空斗进行。 （2）试操作应充分，有回转、升降、伸缩的过程。确认液压、机械、电气系统正常可靠、制动装置可靠	
		绝缘斗臂车检查和试操作完毕，斗内电工向工作负责人汇报检查结果		
8	检测（新）柱上开关	班组成员检测柱上开关	（1）套管应无破损、裂纹、严重脏污和闪络放点的痕迹。清洁瓷件，并作表面检查，瓷件表面应光滑，无麻点，裂痕等。 （2）绝缘电阻测试仪检测绝缘电阻：柱上开关处在“分”位时，测得桩头间绝缘电阻不应低于 500MΩ。柱上开关处在“合”位时，测得相与相、相与地间绝缘电阻不应低于 500MΩ。 （3）操作机构动作灵活，分合闸到位，然后确认新开关在分闸位置。 （4）检测完毕，向工作负责人汇报检测结果	
9	安装绝缘小吊	地面电工和 1 号电工配合安装小吊；小吊臂试操作回转、升降、伸缩的过程，确认液压、机械、电气系统正常可靠、制动装置可靠；吊绳试操作，确认下放、回收过程正常可靠		
10	斗内电工进入绝缘斗臂车工作斗	绝缘斗臂车斗内电工穿戴好全套的个人安全防护用具	（1）个人安全防护用具包括绝缘安全帽、绝缘服、绝缘手套（带防穿刺手套）等。 （2）工作负责人应检查斗内电工个人防护用具的穿戴是否正确规范	
		绝缘斗臂车斗内电工携带工器具进入绝缘斗	（1）工器具应分类放置工具袋中。 （2）工器具的金属部分不准超出绝缘斗沿面。 （3）工具和人员重量不得超过绝缘斗额定载荷	
		绝缘斗臂车斗内电工将全身式安全带系挂在斗内专用挂钩上		

2. 操作步骤（见表 7－8）

表 7－8 操 作 步 骤

序号	作业内容	作业步骤及标准	安全措施及注意事项	责任人
1	进入带电作业区域	获得工作负责人的许可后，操作绝缘斗臂车，进入带电作业区域，绝缘斗移动应平稳匀速，在进入带电作业区域时： （1）应无大幅晃动现象。 （2）绝缘斗下降、上升的速度不应超过 0.5m/s。 （3）绝缘斗边沿的最大线速度不应超过 0.5m/s	（1）转移绝缘斗时应注意绝缘斗臂车周围杆塔、线路等情况，绝缘臂的金属部位与带电体和地电位物体的距离大于 1.0m。 （2）进入带电作业区域作业后，绝缘斗臂车绝缘臂的有效绝缘长度不应小于 1.0m	

续表

序号	作业内容	作业步骤及标准	安全措施及注意事项	责任人
2	验电	获得工作负责人的许可后，用高压验电器对横担、柱上开关外壳等地电位构件进行验电，确认装置无漏电等绝缘不良现象	（1）验电时，必须戴绝缘手套。 （2）验电前，应验电器进行自检，以及使用工频高压发生器检测验电器是否合格（在保证安全距离的情况下也可在带电体上进行）。 （3）验电时，斗内电工应与邻近的构件、导体保持足够的距离（不小于 0.4m），高压验电器的绝缘柄的有效绝缘长度不小于 0.7m；如横担等接地构件有电，不应继续进行本项目	
3	测量开关引线电流	获得工作负责人的许可后，用钳形电流表检测开关引线电流，确认柱上负荷开关确已断开（负荷电流应为 0A）。如不满足要求，终止本次作业	（1）使用钳形电流表时，应先选择最大量程，按照实际符合电流情况逐级向下一级量程切换并读取数据。 （2）检测电流时，应选择内边相架空线路，并与相邻的异电位导体或构件保持足够的安全距离（相对地不小于 0.4m，相间不小于 0.6m）	
4	设置内边相绝缘遮蔽措施	获得工作负责人的许可后，作业电工依次对内边相的电源侧、负荷侧的主导线、开关引线、线夹、耐张绝缘子分别设置绝缘遮蔽措施	（1）作业电工在对带电体设置绝缘遮蔽措施时，动作应轻缓，与横担等地电位构件间应有足够的安全距离（不小于 0.4m），与邻相导线之间应有足够的安全距离（不小于 0.6m）。 （2）作业过程中，作业电工身体任一部位与不同电位物体的距离不得小于 0.7m。 （3）绝缘遮蔽隔离措施应严密、牢固，绝缘遮蔽组合的重叠距离不得小于 15cm	
5	设置外边相绝缘遮蔽措施	设置的方法及内容与内边相同	注意事项与内边相同	
6	设置中间相绝缘遮蔽措施	设置的方法及内容与内边相同	注意事项与内边相同	
7	断柱上开关电源侧与主导线的连接引线	在工作负责人的监护下，2 号斗内电工转移绝缘斗到达柱上开关电源侧合适工作位置，断开三相引线。断开引线的方法如下： （1）在导线遮蔽管上拴好绝缘绳套。 （2）拆除连接线夹。 （3）将引线悬空。 （4）恢复绝缘遮蔽隔离措施	（1）断三相引线的应按“先内边相、再外边相、最后中间相”的顺序进行。 （2）防止引线大幅晃动，避免高空落物。 （3）恢复的绝缘遮蔽隔离措施应严密、牢固，绝缘遮蔽组合的重叠部分不得小于 15cm。 （4）防止人体串入电路	
8	断柱上开关负荷侧与主导线的连接引线	作业方法及内容与断电源侧引线相同	注意事项与断电源侧引线相同	
9	断开柱上开关两侧出线桩及开关接地线的连接	在工作负责人的监护下，2 号斗内电工转移绝缘斗到达柱上开关合适位置，断开柱上开关两侧出线桩及开关接地线的连接，并用绝缘绳套对两侧引线加以固定		

续表

序号	作业内容	作业步骤及标准	安全措施及注意事项	责任人
10	拆除（旧）柱上负荷开关	拆除柱上开关的方法如下： （1）斗内电工将卸扣和绝缘绳套安装在柱上负荷开关的吊环上。 （2）斗内电工调整好绝缘吊臂的角度和位置，放下绝缘吊绳，将吊钩勾住吊点，然后操作绝缘小吊，使绝缘吊绳回缩轻微受力。绝缘吊臂端头和吊钩及柱上负荷开关的重心应在同一铅垂线上。 （3）杆上电工登杆，拆除开关底座的固定螺丝。 （4）杆上电工在开关上绑好绝缘绳（起吊负荷开关时控制开关用）。 （5）斗内电工操作绝缘小吊，缓慢提升柱上负荷开关，提升高度达到约 10cm 时，再次检查并确认绝缘吊绳、绝缘绳套、卸扣的受力正常后，缓慢地将负荷开关水平移出安装支架，再垂直放至地面	（1）杆上电工前应对脚扣、安全带进行检查并做冲击试验。 （2）杆上电工应在绝缘斗臂车绝缘臂和绝缘斗的对侧登杆。 （3）杆上电工登杆过程中应全程使用安全带，到达作业位置后应使用后备保护绳。 （4）负荷开关移动速度应缓慢，禁止在水平移动负荷开关时同时伸缩、起降绝缘斗臂车绝缘臂，防止负荷开关大幅晃动。 （5）地面电工应用绝缘绳控制负荷开关，防止其大幅晃动。 （6）杆上电工应注意防止重物打击，避开绝缘臂、绝缘吊臂和绝缘斗；地面人员禁止在绝缘斗臂车绝缘臂下方逗留	
11	安装（新）柱上负荷开关	安装方法如下： （1）地面电工将卸扣和绝缘绳套安装在柱上负荷开关的吊环上。 （2）斗内电工调整好绝缘吊臂的角度和位置，放下绝缘吊绳。地面电工将吊钩勾住吊点，由斗内电工操作绝缘小吊，使绝缘吊绳回缩轻微受力。绝缘吊臂端头和吊钩及柱上负荷开关的重心应在同一铅垂线上。 （3）地面电工在开关上绑好绝缘绳（起吊负荷开关时控制开关用）。 （4）杆上电工登杆。 （5）斗内电工操作绝缘小吊，缓慢提升柱上负荷开关，离地高度达到约 30cm 左右时，再次检查并确认绝缘吊绳、绝缘绳套、卸扣的受力正常后，缓慢提升负荷开关至安装支架，将开关水平移至安装支架上方，在杆上电工的配合下对准底座安装孔垂直放至安装支架。 （6）杆上电工紧固负荷开关外壳底座的固定螺丝和接地保护线。 （7）试拉合检查柱上负荷开关，最后使其操作机构处于分闸位置	柱上负荷开关的安装工艺质量应满足施工验收规范的要求： （1）柱上负荷开关安装方向正确，操作机构应面向外侧。 （2）底座螺丝固定牢靠。 （3）外壳干净。 （4）外壳接地可靠，接地电阻值符合规定	
12	恢复柱上开关两侧出线桩的连接	在工作负责人的监护下，2 号斗内电工转移绝缘斗到达柱上开关合适位置，恢复柱上开关两侧出线桩的连接		
13	接柱上开关负荷侧与主导线的连接引线	在工作负责人的监护下，2 号斗内电工转移绝缘斗到达柱上开关负荷侧合适工作位置，搭接三相引线	（1）断三相引线的应按“先中间相、再外边相、最后内边相”的顺序进行。 （2）防止引线大幅晃动，避免高空落物。 （3）恢复的绝缘遮蔽隔离措施应严密、牢固，绝缘遮蔽组合的重叠距离不得小于 15cm。 （4）防止人体串入电路	
14	接柱上开关电源侧与主导线的连接引线	作业方法及内容与接负荷侧引线相同	注意事项与接负荷侧引线相同	

续表

序号	作业内容	作业步骤及标准	安全措施及注意事项	责任人
15	拆除中间相绝缘遮蔽措施	获得工作负责人的许可后，作业电工依次拆除中间相的电源侧、负荷侧的耐张绝缘子、线夹、开关引线、主导线绝缘遮蔽措施	（1）作业电工在对带电体拆除绝缘遮蔽措施时，动作应轻缓，与横担等地电位构件间应有足够的安全距离（不小于 0.4m），与邻相导线之间应有足够的安全距离（不小于 0.6m）。 （2）作业过程中，作业电工身体任一部位与不同电位物体的距离不得小于 0.7m	
16	拆除外边相绝缘遮蔽措施	拆除方法与中间相相同	注意事项与中间相相同	
17	拆除内边相绝缘遮蔽措施	拆除方法与中间相相同	注意事项与中间相相同	
18	工作验收	斗内电工撤出带电作业区域	（1）应无大幅晃动现象。 （2）绝缘斗下降、上升的速度不应超过 0.5m/s。 （3）绝缘斗边沿的最大线速度不应超过 0.5m/s	
		斗内电工检查施工质量	（1）杆上无遗漏物。 （2）装置无缺陷符合运行条件。 （3）向工作负责人汇报施工质量	
19	撤离杆塔	下降绝缘斗返回地面、收回绝缘臂时应注意绝缘斗臂车周围杆塔、线路等情况		

（五）报告及记录

1. 作业总结（见表 7-9）

表 7-9　　作　业　总　结

序号	内容	
1	作业情况评价	
2	存在问题及处理意见	

2. 消缺记录（见表 7-10）

表 7-10　　消　缺　记　录

序号	消缺内容	消缺人

3. 指导书执行情况评估（见表 7－11）

表 7－11 指导书执行情况评估

评估内容	符合性	优		可操作项	
		良		不可操作项	
	可操作性	优		修改项	
		良		遗漏项	
存在问题					
改进意见					

第八章

绝缘手套作业法带电更换直线杆绝缘子及横担

第一节　项　目　类　别

根据 Q/GDW 10520—2016《10kV 配网不停电作业规范》中“项目分类”的划分，本项目为第二类绝缘手套作业法，填写《配电带电作业工作票》，适用于 10kV 架空线路带电更换直线杆绝缘子及横担工作，见图 8－1。

图 8－1　现场操作

第二节　人员要求及分工

根据 GB/T 18857—2019《配电线路带电作业技术导则》，本项目人员要求及分工见表 8-1。

表 8-1　人员要求及分工

序号	人员	数量	职责分工
1	工作负责人（监护人）	1 人	负责组织、指挥作业，作业中全程监护，落实安全措施
2	斗内作业人员	2 人	负责斗内作业
3	地面电工	1 人	负责地面配合作业

第三节　主要工器具

根据 Q/GDW 10520—2016《10kV 配网不停电作业规范》，本项目主要工器具配备一览表见表 8-2。

表 8-2　主要工器具配备一览表

序号	工器具名称		型号/规格	单位	数量	备注
1	特种车辆	绝缘斗臂车		辆	1	
2	个人防护用具	绝缘安全帽	10kV	顶	2	
3		普通安全帽		顶	4	
4		绝缘服	10kV	套	2	
5		绝缘手套	10kV	副	2	戴防护手套
6		全身式安全带		根	2	
7	绝缘遮蔽用具	导线遮蔽罩	10kV，1.5m	根	9	
8		绝缘毯	10kV	块	若干	
9		绝缘毯夹		只	若干	

续表

序号	工器具名称		型号/规格	单位	数量	备注
10	绝缘工器具	绝缘横担（含支架）	10kV	套	1	
11		绝缘绳	ϕ12mm，15m	根	1	
12	其他主要工器具	绝缘电阻测试仪	2500V 及以上	只	1	
13		高压验电器	10kV	支	1	
14		风速仪		只	1	
15		温、湿度计		套	1	
16		防潮苫布	3m×3m	块	1	
17		个人工具		套	1	
18		安全围栏		副	若干	
19		标示牌	“从此进出！”	块	1	
20		标示牌	“在此工作！”	块	1	
21		通信系统		套	1	
22	材料和备品、备件	横担	HD－107A	副	1	
23		抱箍	U16－200	副	1	
24		针式绝缘子	P－20T	只	3	

工器具展示（部分）（见图 8－2）

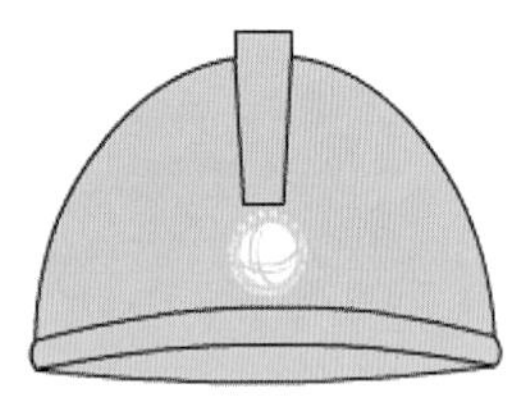

绝缘安全帽

绝缘斗臂车

绝缘手套

图 8－2　主要工器具（一）

绝缘服 　全身式安全带 　导线遮蔽罩

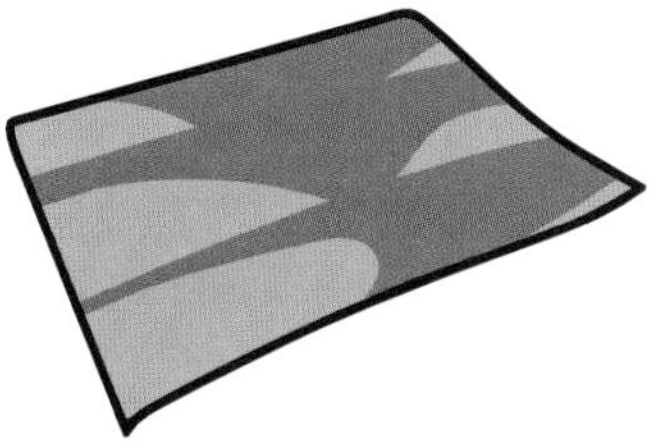

绝缘毯 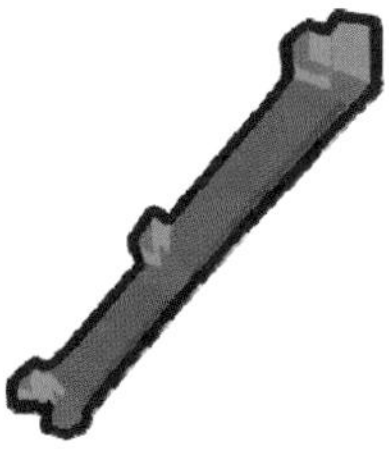　绝缘横担 　绝缘横担

绝缘电阻测试仪 　风速仪　防潮苫布

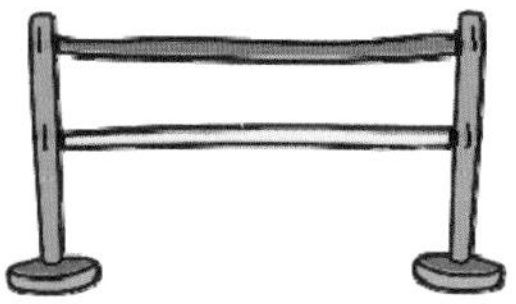

安全围栏 　绝缘鞋

图 8–2　主要工器具（二）

第四节 作 业 步 骤

（一）作业前的准备

1. 现场复勘

（1）工作负责人核对线路名称、杆号，见图8－3。

图8－3 现场操作1

（2）工作负责人检查气象条件，见图8－4。

（3）斗内电工检查电杆根部、基础、埋深和拉线是否牢固、导线固定是否牢固，检查作业装置和现场环境符合带电作业条件，见图8－5。

2. 工作负责人履行工作许可制度

工作负责人按配电带电作业工作票内容与值班调控人员或运维人员联系，履行工作许可手续，见图8－6。

图 8-4 现场操作 2

图 8-5 现场操作 3

图 8-6 现场操作 4

3. 布置工作现场

绝缘斗臂车进入合适位置，并可靠接地；根据道路情况设置安全围栏、警告标志或路障，见图 8-7。

图 8-7 现场操作 5

4. 现场站班会

（1）工作负责人对工作班成员进行工作任务、安全措施交底和危险点告知，确认每一个工作班成员都已签名，见图 8－8。

图 8－8　现场操作 6

（2）工作负责人检查工作班成员精神状态是否良好，人员变动是否合适，见图 8－9。

图 8－9　现场操作 7

5. 工器具和材料检查

（1）整理材料，检查绝缘工器具，使用绝缘电阻测试仪分段检测绝缘电阻，绝缘电阻值不低于 700MΩ，见图 8－10。

图 8－10　现场操作 8

（2）查看绝缘臂、绝缘斗良好，调试斗臂车，见图 8－11。

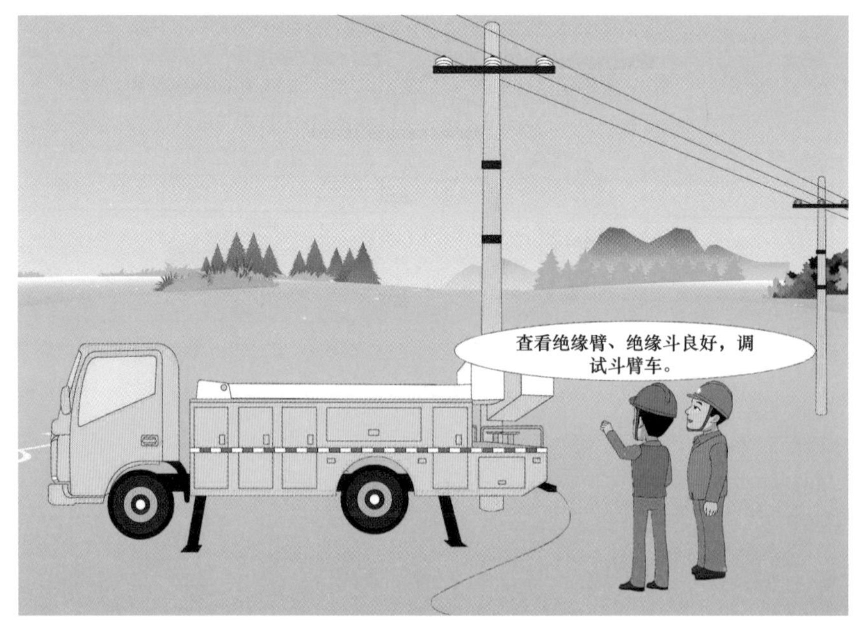

图 8－11　现场操作 9

（3）检查新绝缘子的机电性能良好，见图 8 – 12。

图 8 – 12 现场操作 10

（二）现场作业

1. 到达作业位置

斗内电工穿戴好绝缘防护用具，进入绝缘斗内，挂好安全带保险钩，操作车辆到达作业位置，见图 8 – 13。

2. 验电

斗内电工将工作斗调整至适当位置，使用验电器依次对导线、绝缘子、横担进行验电，确认无漏电现象，见图 8 – 14。

3. 设置三相绝缘遮蔽措施

（1）斗内电工将绝缘斗调整到近边相导线外侧适当位置，按照“从近到远、从下到上、先带电体后接地体”的遮蔽原则对作业范围内的所有带电体和接地体进行绝缘遮蔽，见图 8 – 15。

图 8－13　现场操作 11

图 8－14　现场操作 12

图 8－15　现场操作 13

（2）其余两相遮蔽按相同方法进行，绝缘遮蔽次序按照先近边相、后远边相、最后中间相，见图 8－16。

图 8－16　现场操作 14

4. 安装绝缘横担

斗内电工互相配合，在电杆高出横担约 0.4m 的位置安装绝缘横担，见图 8－17。

图 8－17　现场操作 15

5. 转移带电导线至绝缘横担上

（1）斗内电工将绝缘斗调整到近边相外侧适当位置，使用绝缘斗小吊绳固定导线，收紧小吊绳，使其受力，见图 8－18。

图 8－18　现场操作 16

（2）斗内电工拆除绝缘子绑扎线，调整吊臂提升导线使近边相导线置于临时支撑横担上的固定槽内，然后扣好保险环，见图 8-19。

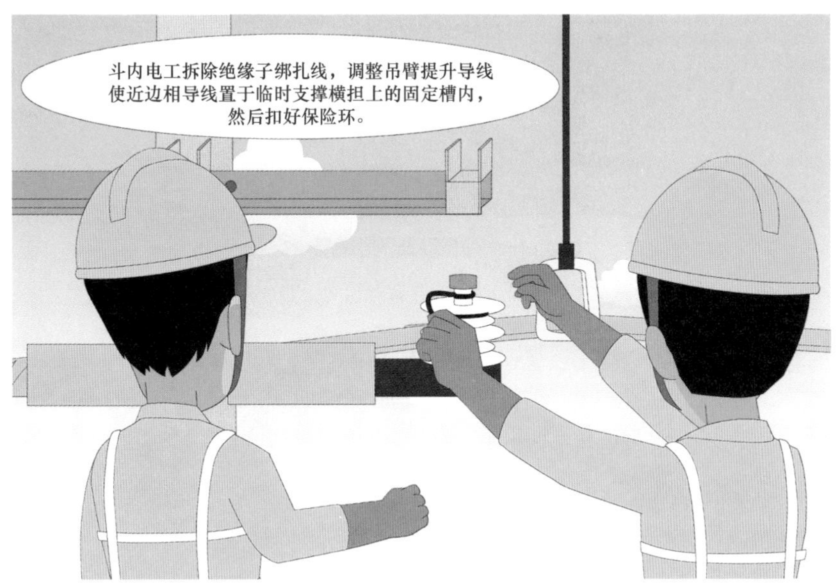

图 8-19　现场操作 17

（3）远边相按照相同方法进行，见图 8-20。

图 8-20　现场操作 18

6. 更换直线杆横担及边相针式绝缘子

斗内电工互相配合拆除旧绝缘子及横担，安装新绝缘子及横担，并对新安装绝缘子及横担设置绝缘遮蔽，见图8－21。

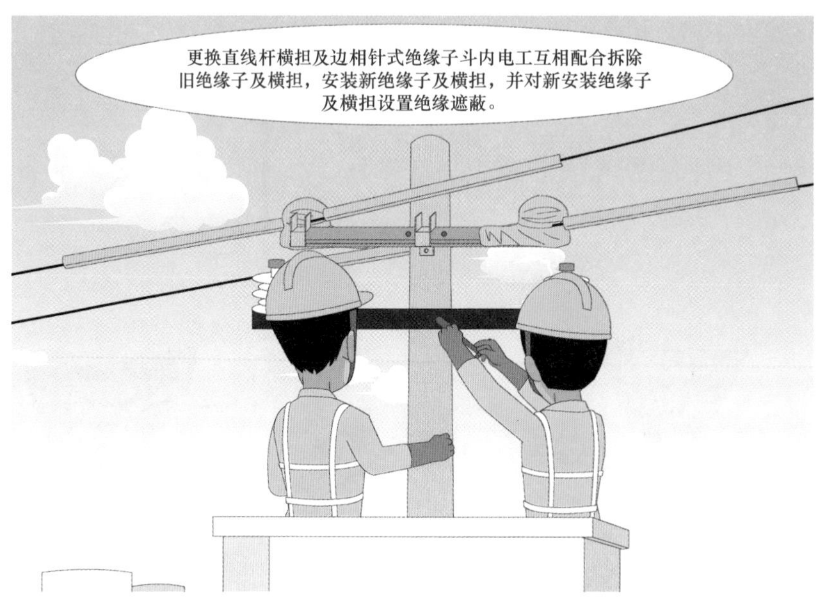

图8－21　现场操作19

7. 转移带电导线至针式绝缘子上

（1）斗内电工调整绝缘斗到远边相外侧适当位置，使用小吊绳将远边相导线缓缓放入已更换新绝缘子顶槽内，使用绑扎线固定，恢复绝缘遮蔽，见图8－22。

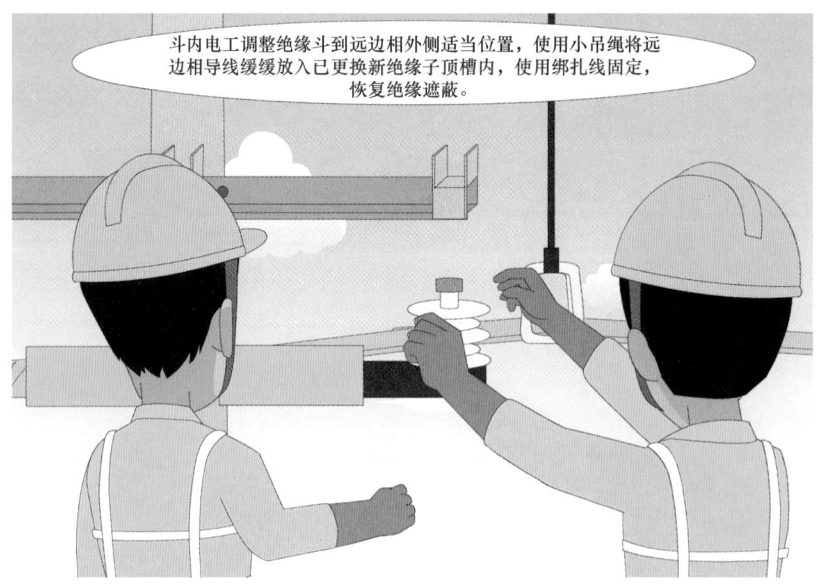

图8－22　现场操作20

（2）近边相按照相同方法进行，见图 8－23。

图 8－23　现场操作 21

8. 拆除绝缘横担

斗内电工互相配合拆除杆上临时支撑绝缘横担，见图 8－24。

图 8－24　现场操作 22

9. 拆除三相绝缘遮蔽措施

斗内电工按照“从远到近、从上到下、先接地体后带电体”的原则拆除绝缘遮蔽，见图8-25。

图8-25　现场操作23

10. 工作结束

斗内电工检查杆上无遗留物后，作业人员返回地面，见图8-26。

图8-26　现场操作24

（三）工作终结

（1）工作负责人组织工作人员清点工器具，并清理施工现场，见图 8-27。

图 8-27　现场操作 25

（2）工作负责人对完成的工作进行全面检查，符合验收规范要求后，记录在册并召开现场收工会进行工作点评后，宣布工作结束，见图 8-28。

图 8-28　现场操作 26

（3）汇报值班调控人员工作已经结束，工作班撤离现场，见图 8－29。

图 8－29　现场操作 27

第五节　安全注意事项

（1）带电作业应在良好天气下进行，风力大于 5 级或湿度大于 80%时，不宜带电作业。若遇雷电、雪、雹、雨、雾等不良天气，禁止带电作业。带电作业过程中若遇天气突然变化，有可能危及人身及设备安全时，应立即停止工作，撤离人员，恢复设备正常状况，或采取临时安全措施。

（2）根据 Q/GDW 10520—2016《10kV 配网不停电作业规范》规定，本项目一般无需停用线路重合闸。

（3）作业中，绝缘斗臂车绝缘臂的有效绝缘长度应不小于 1.0m，绝缘支杆或撑杆的有效绝缘长度应不小于 0.4m。

（4）作业中，人体应保持对带电体 0.4m 以上的安全距离；如不能确保该安全距离时，应采用绝缘遮蔽措施，遮蔽用具之间搭接的部分不得小于 150mm。

（5）安装绝缘遮蔽时应按照“由近及远、从下到上、先带电体后接地体”的原则依次进行，拆除时与此相反。

（6）作业过程中禁止摘下绝缘防护用具。

（7）提升导线前及提升过程中，应检查两侧电杆上的导线绑扎线是否牢固，如有松动，脱线现象，应重新绑扎加固后方可进行作业。

（8）提升和下降导线时，要缓缓进行，以防止导线晃动，避免造成相间短路；

（9）作业时，严禁人体同时接触两个不同的电位体；绝缘斗内双人工作时禁止两人接触不同的电位体。

（10）上、下传递工具、材料均应使用绝缘绳传递，严禁抛掷。

第六节 危险点分析及预控措施

1. 装置不符合作业条件

（1）确认作业装置两侧电杆杆身良好、埋设深度等符合要求，导线在绝缘子上的固结情况良好，避免作业中导线转移时从两侧电杆上脱落；导线应无烧损断股现象，扎线绑扎牢固，绝缘子表面无明显放电痕迹和机械损伤；横担、抱箍无严重锈蚀、变形、断裂等现象。

（2）斗内电工进入带电作业区域后，应对绝缘子铁脚、铁横担等部位验电，确认无漏电现象。

2. 导线失去控制，引发接地短路事故

（1）临时固定并承载导线垂直应力的绝缘横担（绝缘支杆）应安装牢固，机械强度应满足要求。

（2）拆除和绑扎线时，应预先采取防止导线失去控制的措施，如用绝缘斗臂车绝缘小吊的吊钩勾住导线，使导线轻微受力。

（3）转移导线时不应超出控制能力，如导线的垂直张力不应超过绝缘斗臂车小吊臂在相应起吊角度下的起重能力。

（4）转移导线时，应有后备保护。

（5）转移后的导线应作妥善固定。

3. 作业空间狭小，人体串入电路而触电

（1）拆除和绑扎线时，绝缘子铁脚和铁横担遮蔽应严密，且扎线的展放长度不大于 10cm。

（2）带电体与接地体应遮蔽严密，搭接的部分不小于 15cm。

（3）使用小吊法时，导线提升高度应不少于 0.4m。

4. 其他

上下传递设备、材料时，不应与电杆、绝缘斗臂车工作斗发生碰撞。

第七节　作 业 指 导 书

绝缘手套作业法带电更换直线杆绝缘子及横担作业指导书

编写：____________　　________年______月______日

审核：____________　　________年______月______日

批准：____________　　________年______月______日

作业负责人：______________________________________

作业日期：______年____月____日______时至______年____月____日____时

（一）适用范围

本作业指导书适用于绝缘手套作业法带电更换直线杆绝缘子及横担项目实际操作。

（二）引用文件

GB/T 14286 带电作业工具设备术语

GB/T 18857 配电线路带电作业技术导则

DL/T 976 带电作业工具、装置和设备预防性试验规程

Q/GDW 10520—2016 10kV 配网不停电作业规范

国家电网安质〔2014〕265 号 国家电网公司电力安全工作规程（配电部分）

（三）作业前准备

1. 作业分工（见表 8-3）

表 8-3 作业分工

序号	作业分工	作业人员
1	工作负责人（监护人）	
2	斗内 1 号电工	
3	斗内 2 号电工	
4	地面电工	

2. 准备工作安排（见表 8-4）

表 8-4 准备工作安排

序号	内容	标准	负责人	备注
1	现场勘察	线路装置满足作业项目要求		
2	安全卡、标准化作业指导书等资料准备	满足现场作业的要求		
3	作业工器具准备	满足作业项目工器具的配置要求		
4	组织现场作业人员学习标准化作业指导书	掌握整个操作程序，理解工作任务、质量标准及操作中的危险点及控制措施		
5	开工前“三交三查”	（1）“三交”主要内容：任务交底、安全交底、技术交底。 （2）“三查”主要内容：检查人员的着装、身体状况和工器具的准备情况		

3. 工器具和仪器仪表（见表 8－5）

表 8－5　　工器具和仪器仪表

序号	工器具名称		型号/规格	单位	数量	备注
1	特种车辆	绝缘斗臂车		辆	1	
2	个人防护用具	绝缘安全帽	10kV	顶	2	
3		普通安全帽		顶	4	
4		绝缘服	10kV	件	2	
5		绝缘手套	10kV	副	2	戴防护手套
6		全身式安全带		根	2	
7	绝缘遮蔽用具	导线遮蔽罩	10kV，1.5m	根	9	
8		绝缘毯	10kV	块	若干	
9		绝缘毯夹		只	若干	
10	绝缘工器具	绝缘横担（含支架）	10kV	套	1	
11		绝缘绳	ϕ12mm，15m	根	1	
12	其他主要工器具	绝缘电阻测试仪	2500V 及以上	只	1	
13		高压验电器	10kV	支	1	
14		风速仪		只	1	
15		温、湿度计		套	1	
16		防潮苫布	3m×3m	块	1	
17		个人工具		套	1	
18		安全围栏		副	若干	
19		标示牌	“从此进出！”	块	1	
20		标示牌	“在此工作！”	块	1	
21		通信系统		套	1	
22	材料和备品、备件	横担	HD－107A	副	1	
23		绝缘子	P－20T	只	3	

4. 危险点分析及预防控制措施（见表 8－6）

表 8－6　　危险点分析及预防控制措施

序号	危险点	预防控制措施	完成情况
1	防倒杆事故	作业前，检查电杆的埋深、基础、杆身质量、拉线符合要求	
2	防高空坠落、落物伤人	（1）斗内作业电工应系好全身式安全带。 （2）绝缘遮蔽应设置严实。 （3）斗内工器具应有防落物的措施	

续表

序号	危险点	预防控制措施	完成情况
3	防触电伤害	（1）作业用的绝缘工器具经现场检查均符合带电作业要求。 （2）绝缘遮蔽时，连接处的重叠部位应不小于 15cm。 （3）带电作业时，应与周围地电位物体保持 0.4m 以上安全距离；与邻相保持 0.6m 以上安全距离。 （4）作业时，绝缘斗臂车的绝缘臂最小有效长度不小于 1m。 （5）作业过程中，严禁摘下绝缘防护用具	
4	其他	根据现场实际情况，补充必要的危险点分析和预控内容	

（四）作业程序与规范（见表 8–7）

表 8–7 工 器 具 和 仪 器 仪 表

序号	作业内容	作业步骤及标准	安全措施及注意事项	责任人
1	现场复勘	工作负责人核对工作线路双重名称、杆号		
		工作负责人检查环境是否符合作业要求	（1）平整结实。 （2）地面倾斜度不大于 7°	
		工作负责人检查线路装置是否具备带电作业条件	（1）作业点相邻两侧电杆埋深、杆身质量。 （2）作业点相邻两侧电杆导线的固结情况。 （3）作业点相邻两侧电杆之间导线应无断股等现象。 （4）作业电杆埋深、杆身质量	
		工作负责人检查气象条件	（1）天气应晴好，无雷、雨、雪、雾。 （2）风力不大于 5 级。 （3）空气相对湿度不大于 80%	
		工作负责人检查工作票所列安全措施，必要时在工作票上补充安全技术措施		
2	执行工作许可制度	工作负责人与调度联系	本项目一般无须停用线路重合闸	
		工作负责人在工作票上签字		
3	召开现场会，议对作业人员进行“三交三查”	工作负责人宣读工作票		
		工作负责人向作业人员交代工作任务并进行人员分工、交代工作中的安全措施和技术措施		
		工作负责人检查作业人员精神状态是否良好、着装是否符合要求、对工作任务分工、安全措施和技术措施是否明确		
		班组各成员在工作票和作业指导书上签名确认		
4	停放绝缘斗臂车	斗臂车驾驶员将绝缘斗臂车位置停放到适当位置	（1）停放的位置应便于绝缘斗臂车绝缘斗达到作业位置，避开附近电力线和障碍物，并能保证作业时绝缘斗臂车的绝缘臂有效绝缘长度。 （2）停放位置坡度不大于 7°，绝缘斗臂车应顺线路停放	

续表

序号	作业内容	作业步骤及标准	安全措施及注意事项	责任人
4	停放绝缘斗臂车	斗臂车操作人员支放绝缘斗臂车支腿	（1）不应支放在沟道盖板。 （2）软土地面应使用垫块或枕木，垫放时垫板重叠不超过2块，呈45°角。 （3）支撑应到位，车辆前后、左右呈水平；“H”型支腿的车型，水平支腿应全部伸出；整车支腿受力，车轮离地	
		斗臂车操作人员将绝缘斗臂车可靠接地		
5	布置工作现场	工作负责人组织班组成员设置工作现场的安全围栏、安全警示标志	（1）安全围栏的范围应考虑作业中高空坠落和高空落物的影响以及道路交通，必要时联系交通部门。 （2）围栏的出入口应设置合理。 （3）警示标示应包括“从此进出”、“施工现场”等，道路两侧应有“车辆慢行”或“车辆绕行”标示或路障	
		班组成员按要求将绝缘工器具放在防潮苫布上	（1）防潮苫布应清洁、干燥。 （2）工器具应按定置管理要求分类摆放。 （3）绝缘工器具不能与金属工具、材料混放	
6	工作负责人组织班组成员检查工器具	班组成员逐件对绝缘工器具进行外观检查	（1）检查人员应戴清洁、干燥的手套。 （2）绝缘工具表面不应磨损、变形损坏，操作应灵活。 （3）个人安全防护用具和遮蔽、隔离用具应无针孔、砂眼、裂纹。 （4）检查斗内专用全身式安全带外观，并作冲击试验	
		班组成员使用绝缘电阻测试仪分段检测绝缘工具的表面绝缘电阻值	（1）测量电极应符合规程要求（极宽2cm、极间距2cm）。 （2）正确使用（自检、测量）绝缘电阻测试仪（应采用点测的方法，不应使电极在绝缘工具表面滑动，避免刮伤绝缘工具表面）。 （3）绝缘电阻值不得低于700MΩ	
		绝缘工器具检查完毕，向工作负责人汇报检查结果。斗内电工检查绝缘斗臂车表面状况：绝缘斗、绝缘臂应清洁、无裂纹损伤		
7	检查绝缘斗臂车	斗内电工试操作绝缘斗臂车	（1）试操作应空斗进。 （2）试操作应充分，有回转、升降、伸缩的过程。确认液压、机械、电气系统正常可靠、制动装置可靠。 （3）检查绝缘斗臂车小吊绳是否有过伸长，有无断裂、变形、磨损	
		绝缘斗臂车检查和试操作完毕，斗内电工向工作负责人汇报检查结果		
8	检测直线绝缘子	班组成员检测直线绝缘子	（1）班组成员对三个（新）直线绝缘子进行表面清洁和检查，绝缘子表面应无麻点、裂痕等现象。 （2）用绝缘电阻测试仪检测绝缘子的绝缘电阻不应低于500MΩ。 （3）检测完毕，向工作负责人汇报检测结果	

续表

序号	作业内容	作业步骤及标准	安全措施及注意事项	责任人
9	斗内电工进入绝缘斗臂车绝缘斗	斗内电工穿戴好全套的个人安全防护用具：个人安全防护用具包括绝缘帽、绝缘服、绝缘裤、绝缘手套（带防穿刺手套）等	工作负责人应检查斗内电工个人防护用具的穿戴是否正确规范	
		斗内电工携带工器具进入绝缘斗：（1）工器具应分类放置工具袋； （2）工器具的金属部分不准超出绝缘斗沿面	工具和人员重量不得超过绝缘斗额定载荷	
		斗内电工将斗内专用全身式安全带系挂在斗内专用挂钩上		
10	进入带电作业区域	斗内电工经工作负责人许可后，操作绝缘斗臂车，进入带电作业区域，绝缘斗移动应平稳匀速	（1）应无大幅晃动现象。 （2）绝缘斗下降、上升的速度不应超过0.5m/s。 （3）绝缘斗边沿的最大线速度不应超过0.5m/s。 （4）转移绝缘斗时应注意绝缘斗臂车周围杆塔、线路等情况，绝缘臂的金属部位与带电体和地电位物体的距离大于1.0m。 （5）进入带电作业区域作业后，绝缘斗臂车绝缘臂的有效绝缘长度不应小于1.0m	
11	验电	在工作负责人的监护下，斗内电工转移绝缘斗至合适工作位置，对横担、绝缘子进行验电，确认绝缘子无漏电现象方可继续作业	（1）验电时应使用绝缘手套。 （2）应先对高压验电器进行自检，并用高压发生器检测高压验电器是否良好。 （3）斗内电工与带电体间保持足够的安全距离（大于 0.4 m），验电器绝缘杆的有效绝缘长度应大于0.7 m	
12	设置内边相绝缘遮蔽、隔离措施	获得工作负责人许可后，斗内电工将绝缘斗调整到内边相合适位置，先对内边相设置绝缘遮蔽隔离措施：遮蔽的部位和顺序依次为导线（包括绝缘子两侧，应按由近及远的顺序）、绝缘子扎线、绝缘子铁件和横担	（1）绝缘斗臂车绝缘臂的有效绝缘长度不应小于 1.0m。 （2）斗内电工动作应轻缓，与横担之间应有足够的安全距离（不小于0.4m），与邻相导线之间应有足够的安全距离（不小于 0.6m）。在扎线部位未完成绝缘遮蔽隔离措施前，不得先对绝缘子铁件和横担设置绝缘遮蔽隔离措施。 （3）绝缘遮蔽隔离措施应严密、牢固，连续遮蔽时重叠部分不得小于15cm	
13	设置外边相绝缘遮蔽、隔离措施	获得工作负责人许可后，斗内电工转移绝缘斗到外边相外侧的合适位置，按照与内边相相同的方法对外边相设置绝缘遮蔽隔离措施	（1）绝缘斗臂车绝缘臂的有效绝缘长度不应小于 1.0m。 （2）斗内电工动作应轻缓，与横担之间应有足够的安全距离（不小于0.4m），与邻相导线之间应有足够的安全距离（不小于 0.6m）。在扎线部位未完成绝缘遮蔽隔离措施前，不得先对绝缘子铁件和横担设置绝缘遮蔽隔离措施。 （3）绝缘遮蔽隔离措施应严密、牢固，连续遮蔽时重叠部分不得小于15cm	
14	设置中间相绝缘遮蔽、隔离措施	获得工作负责人许可后，斗内电工转移绝缘斗到中相的合适位置，对中相设置绝缘遮蔽隔离措施：遮蔽部位和顺序依次为导线、绝缘子扎线部位	（1）斗内电工动作应轻缓，与电杆杆顶之间应有足够的安全距离（不小于0.4m）。 （2）绝缘遮蔽隔离措施应严密、牢固，绝缘遮蔽组合的重叠距离不得小于15cm	

续表

序号	作业内容	作业步骤及标准	安全措施及注意事项	责任人
15	安装绝缘横担	地面电工将绝缘横担传递给斗内电工，斗内电工安装好绝缘横担	(1)传递绝缘横担应平稳，不应与电杆、绝缘斗发生碰撞。 (2) 绝缘横担应安装水平，牢固。 (3) 绝缘横担的安装高度应考虑导线提升的高度（不小于 40cm），一般在高出待换横担 40cm 的位置安装绝缘横担。 (4)地面电工在绝缘横担安装完毕后才能松开对绝缘传递绳的控制	
16	拆除内边相直线绝缘子绑扎线	斗内电工拆除内边相直线绝缘子上的导线绑扎线。方法如下： (1) 放下绝缘斗臂车绝缘小吊绳，系牢导线并使其轻微受力。小吊绳的受力方向应在铅垂线上。 (2) 拆除绝缘子扎线部位的绝缘遮蔽隔离措施。 (3) 拆除直线绝缘子绑扎线。 (4) 恢复导线上的绝缘遮蔽隔离措施。 (5) 收起绝缘斗臂车绝缘小吊绳，提升导线，将其放入绝缘横担卡槽，并固定。 (6) 松开并收回导线上的小吊绳	(1) 绑扎线的展放长度不应超过 10cm。 (2)提升导线时应注意小吊臂和吊绳的受力情况。 (3)绝缘遮蔽隔离措施恢复后应严密牢固、绝缘遮蔽组合的重叠部分不得小于 15cm	
17	拆除外边相直线绝缘子绑扎线	斗内电工转移绝缘斗至内边相合适位置，按照相同的方法拆除内边相直线绝缘子的绑扎线	(1)绑扎线的展放长度不应超过 10cm。 (2)提升导线时应注意小吊臂和吊绳的受力情况。 (3)绝缘遮蔽隔离措施恢复后应严密牢固、绝缘遮蔽组合的重叠部分不得小于 15cm	
18	拆除旧绝缘子及横担	斗内电工转移绝缘斗至合适工作位置，在旧横担上打好绳结，并在横担安装的位置处做好记号，然后拆除旧绝缘子及横担	(1)斗内电工不得摘下或脱下个人安全防护用具。 (2)应避免横担翘起撞到边相或中间相导线上。 (3) 绝缘子应先拆除，且不应直接搁置在绝缘斗内。 (4) 铁横担不得搁置在绝缘斗上。 (5) 向下传递铁横担时，应注意不得与绝缘斗、电杆发生碰撞。 (6)地面电工不得站在绝缘斗臂车的起重臂和绝缘斗的下方。 (7) 不应发生高空落物	
19	安装新横担及绝缘子	斗内电工和地面电工配合，安装新横担和绝缘子。横担和绝缘子的安装工艺应该符合要求	(1) 横担的安装高度应与原横担相同。 (2) 横担应安装水平牢固。横担端部上下歪斜不应大于 20mm，横担端部左右扭斜不应大于 20mm。 (3) 绝缘子应在杆上组装，表面应无损伤，线槽应与导线平行并安装牢固	
20	恢复完善绝缘遮蔽隔离措施	恢复铁横担、绝缘子上的绝缘遮蔽和隔离措施，绝缘遮蔽隔离措施应严密、牢固		
21	固定远边相导线	获得工作负责人的许可后，斗内电工转移绝缘斗至远边相合适工作位置		
		斗内电工用绝缘小吊绳系牢导线，并使其轻微受力		

续表

序号	作业内容	作业步骤及标准	安全措施及注意事项	责任人
21	固定远边相导线	斗内电工拆除导线上绑扎部位的绝缘遮蔽隔离措施，缓缓将导线脱离绝缘横担的卡槽后，放入直线绝缘子的线槽斗内电工用扎线将导线固定在绝缘子上，扎线工艺应符合要求	（1）铝包带的缠绕方向应与导线线股绞向一致，两端回缠将铝包带自身端头压住。铝包带缠绕长度应合适，扎线绑扎完毕后，两侧各留出 2～3cm 的长度。 （2）扎线应绑扎紧密、牢固。扎线缠绕方向应与导线线股绞向一致、股数应符合要求，应有 2 个交叉将导线压在绝缘子顶槽，扎线的收尾短头应绞成小辫并压平，且麻花不少于 5 个。 （3）绑扎过程中，扎线的展放长度程度不应大于 10cm	
		斗内电工恢复绝缘子扎线部位的绝缘遮蔽隔离措施，绝缘遮蔽隔离措施应严密牢固，与导线上的绝缘遮蔽隔离措施重叠长度不应少于 15cm		
		斗内电工松开并收回绝缘小吊绳		
22	固定内边相导线	获得工作负责人的许可后，斗内电工转移绝缘斗至内边相合适工作位置。按照与外边相相同的方法固定导线		
23	拆除绝缘横担	斗内电工转移绝缘斗至合适位置		
		斗内电工在绝缘横担上捆绑好绝缘传递绳，绳扣应牢固		
		斗内电工拆除绝缘横担，与地面电工配合传递至地面	（1）绝缘横担应控制平稳，应避免发生一端翘起撞到邻近导线。 （2）上下传递绝缘横担应平稳，不应发生与绝缘斗、电杆发生碰撞现象。 （3）不应发生高空落物现象	
24	拆除中间相绝缘遮蔽隔离措施	获得工作负责人的许可后，斗内电工调整绝缘斗位置，依次拆除中间相绝缘遮蔽隔离措施： （1）拆除顺序为先绝缘子扎线部位的，再导线上的绝缘遮蔽隔离措施。 （2）拆除绝缘子扎线部位的绝缘遮蔽隔离措施时，动作应尽量轻缓	拆除导线上的绝缘遮蔽隔离措施时，应与电杆保持有足够的安全距离（不小于 0.4m）	
25	拆除外边相绝缘遮蔽隔离措施	获得工作负责人的许可后，斗内电工转移绝缘斗至外边相的外侧，依次拆除外边相上的绝缘遮蔽隔离措施： （1）拆除的顺序依次为横担、绝缘子铁件、绝缘子扎线部位、导线。 （2）拆除绝缘子扎线部位的绝缘遮蔽隔离措施时，动作应尽量轻缓	拆除导线上的绝缘遮蔽隔离措施时，应与电杆、横担保持有足够的安全距离（不小于 0.4m），与邻相导体保持有足够的安全距离（不小于 0.6m）	
26	拆除内边相绝缘遮蔽隔离措施	获得工作负责人的许可后，斗内电工转移绝缘斗至内边相的合适位置，按照与外边相相同的方法，依次拆除绝缘遮蔽隔离措施		
27	工作验收	斗内电工撤出带电作业区域。撤出带电作业区域时	（1）应无大幅晃动现象。 （2）绝缘斗下降、上升的速度不应超过 0.5m/s。 （3）绝缘斗边沿的最大线速度不应超过 0.5m/s	

续表

<table>
<tr><th>序号</th><th>作业内容</th><th>作业步骤及标准</th><th>安全措施及注意事项</th><th>责任人</th></tr>
<tr><td>27</td><td>工作验收</td><td>斗内电工检查施工质量</td><td>（1）杆上无遗漏物。
（2）装置无缺陷符合运行条件。
（3）向工作负责人汇报施工质量</td><td></td></tr>
<tr><td>28</td><td>撤离杆塔</td><td>下降绝缘斗返回地面、收回绝缘臂时应注意绝缘斗臂车周围杆塔、线路等情况</td><td></td><td></td></tr>
<tr><td rowspan="3">29</td><td rowspan="3">工作负责人组织班组成员清理工具和现场</td><td>斗内电工收回绝缘斗臂车各部件复位：
（1）收回绝缘斗臂车接地线。
（2）绝缘斗臂车在坡地停放，应先收“后支腿”，后收“前支腿”。
（3）支腿收回顺序应正确：“H”型支腿车型，应先收回垂直支腿，再收回水平支腿</td><td></td><td></td></tr>
<tr><td>工作负责人组织班组成员整理工具、材料。将工器具清洁后放入专用的箱（袋）中。清理现场，做到“工完、料尽、场地清”</td><td></td><td></td></tr>
<tr><td>工作负责人组织召开现场收工会，作工作总结和点评工作</td><td rowspan="2">（1）正确点评本项工作的施工质量。
（2）点评班组成员在作业中的安全措施的落实情况。
（3）点评班组成员对规程的执行情况</td><td rowspan="2"></td></tr>
<tr><td>30</td><td>工作负责人召开收工会</td><td></td></tr>
<tr><td>31</td><td>办理工作终结手续</td><td>工作负责人向调度汇报工作结束，并终结工作票</td><td></td><td></td></tr>
</table>

（五）报告及记录

1. 作业总结（见表8-8）

表8-8　作业总结

序号	内容	
1	作业情况评价	
2	存在问题及处理意见	

2. 消缺记录（见表8-9）

表8-9　消缺记录

序号	消缺内容	消缺人

3. 指导书执行情况评估（见表 8-10）

表 8-10　指导书执行情况评估

<table>
<tr><td rowspan="4">评估内容</td><td rowspan="2">符合性</td><td>优</td><td></td><td>可操作项</td><td></td></tr>
<tr><td>良</td><td></td><td>不可操作项</td><td></td></tr>
<tr><td rowspan="2">可操作性</td><td>优</td><td></td><td>修改项</td><td></td></tr>
<tr><td>良</td><td></td><td>遗漏项</td><td></td></tr>
<tr><td>存在问题</td><td colspan="5"></td></tr>
<tr><td>改进意见</td><td colspan="5"></td></tr>
</table>

参 考 文 献

[1] 《输配电线路带电作业图解丛书》编委会. 输配电线路带电作业图解丛书：10kV 分册. 北京：中国电力出版社，2014.

[2] 卢刚. 输配电线路带电作业实操图册. 北京：中国电力出版社，2015.

[3] 浙江省电力公司配网带电作业培训基地组编. 10kV 电缆线路不停电作业操作图解. 北京：中国电力出版社，2014.

[4] 国网浙江省电力公司. 电网企业一线员工作业一本通：10kV 配网不停电作业——绝缘手套作业法断支接线路引线. 北京：中国电力出版社，2015.

[5] 国网浙江省电力公司. 电网企业一线员工作业一本通：10kV 配网不停电作业——绝缘手套作业法接支接线路引线. 北京：中国电力出版社，2015.

[6] 国网浙江省电力公司. 电网企业一线员工作业一本通：10kV 配网不停电作业——绝缘手套作业法更换直线杆绝缘子. 北京：中国电力出版社，2015.

[7] 国网浙江省电力有限公司设备管理部. 配电网不停电作业方法与案例分析. 北京：中国电力出版社，2018.

[8] 本书编委会. 配网不停电作业典型违章 100 条. 北京：中国电力出版社，2015.

[9] 本书编委会. 配网不停电作业典型事故 50 例. 北京：中国电力出版社，2015.

[10] 国网河南省电力公司配电带电作业实训基地组编. 配电线路带电作业标准化作业指导(第二版). 北京：中国电力出版社，2015.

[11] 国家电网有限公司配网不停电作业（河南）实训基地组编. 10kV 配网不停电作业专项技能提升培训教材. 北京：中国电力出版社，2018.

[12] 国网湖南省电力有限公司. 输配电带电作业典型违章案例分析. 北京：中国电力出版社，2018.